多金属矿区
水土流失及其防控

陈三雄　陈知送　王少波　甄育才　著

中国水利水电出版社
www.waterpub.com.cn
·北京·

内 容 提 要

本书从大宝山矿区水土流失、生态环境调查入手，采用野外原位小区模拟径流冲刷试验的方式，研究大宝山矿区水土流失特征，识别水土流失影响关键因子。在对大宝山矿区土壤质量进行评价的基础上，针对植被恢复限制因子研究基质改良技术，通过研究植物对重金属的耐性和富集特性，筛选大宝山矿区生态修复的适宜植物种，对极端退化的生态系统进行植被恢复。本书研究成果不仅可以解决大宝山矿区水土流失防治和植被恢复技术难题，也可为其他类似采矿区的水土流失防治和生态修复提供借鉴，有较强的理论价值和现实意义。

本书适合相关行业专业人员阅读，也可作为相关院校师生的辅助读物。

图书在版编目（ＣＩＰ）数据

多金属矿区水土流失及其防控 / 陈三雄等著. -- 北
京：中国水利水电出版社，2021.11
ISBN 978-7-5226-0096-3

Ⅰ.①多… Ⅱ.①陈… Ⅲ.①多金属矿床—水土流失
—防治—研究 Ⅳ.① S157.1

中国版本图书馆 CIP 数据核字（2021）第 210334 号

书　　名	**多金属矿区水土流失及其防控** DUO JINSHU KUANGQU SHUITU LIUSHI JI QI FANGKONG
作　　者	陈三雄　陈知送　王少波　甄育才　著
出版发行	中国水利水电出版社 （北京市海淀区玉渊潭南路 1 号 D 座　100038） 网址：www.waterpub.com.cn E-mail：sales@mwr.gov.cn 电话：（010）68545888（营销中心）
经　　售	北京科水图书销售有限公司 电话：（010）68545874、63202643 全国各地新华书店和相关出版物销售网点
排　　版	黄建锋
印　　刷	天津久佳雅创印刷有限公司
规　　格	184mm×260mm　16 开本　9.5 印张　225 千字
版　　次	2021 年 11 月第 1 版　2021 年 11 月第 1 次印刷
定　　价	58.00 元

前　言

　　矿产资源是国民经济和社会发展的重要物质基础，矿产资源的开发利用为经济社会发展作出了巨大贡献。然而，矿产资源的开发利用在带动经济发展的同时，也带来影响深远的环境问题。矿山开采不仅会直接导致大面积的植被破坏和水土流失，而且会产生大量剥离弃土、废弃矿石和尾矿等固体废弃物。在降水径流等外营力的作用下，含有重金属等污染物的矿山固体废弃物随着水土流失而污染水源和农田，并在土壤中积累。重金属积累到一定量后，会对土壤－植物系统产生毒害作用，不仅导致植被恢复困难、土壤退化、农作物产量和品质降低，还可能通过直接接触、食物链等途径危及人类的生命和健康。因此，矿山特别是露天开采的金属矿山普遍存在水土流失、重金属污染等环境问题，严重影响区域"绿水青山就是金山银山"理念的实现。

　　广东省大宝山矿位于粤北山区，是一座大型多金属硫化物伴生矿床。60多年露天开采，加上历史上的民采缺乏有效管制，引发了比较严重的水土流失及生态环境问题，导致大量含重金属离子的酸性废水和泥沙进入下游生态系统，曾经给周围环境带来严重污染。据调查，大宝山矿区堆积着大量因矿产开采剥离的弃土，巨量堆积土为水土流失提供了物质基础，是矿区最主要的潜在环境污染源。已有研究表明，重金属随暴雨径流和泥沙迁移是造成重金属污染的根本原因。治理矿区水土流失，尽快恢复矿山植被，控制矿区泥沙流入下游河道，是矿区生态修复和重金属污染控制的根本措施，也是大宝山矿区生态环境治理修复工作的重点和难点。

　　可喜的是，在政府相关部门的强力作为下，大宝山矿区周边地区民采活动已得到彻底清除，同时整合了矿权，为统筹矿区水土流失治理打好了基础。近些年来，大宝山矿区努力打造资源节约型、环境友好型绿色矿山，完成了一系列污染治理、水土保持、矿山复垦、重金属污染防治、地质环境治理工程，水土流失及污染治理取得了令人欣喜的成效。但是由于矿产开采的特殊性，大宝山矿区水土流失仍然是一个不容忽视的区域生态问题，大宝山矿区水土流失治理将是一个长期的过程。

　　基于此，笔者自2006年开始，从矿区水土流失、生态环境调查入手，对大宝山矿区水土流失特征及植被恢复进行了系统研究，取得了大量科研数据和成果。利用野外原位小区模拟径流冲刷试验，研究矿区水土流失特征，识别水土流失影响关键因子；对矿区土壤质量进行评价，针对植被恢复限制因子研究基质改良技术，通过研究植物对重金属的耐性和富集特性，筛选矿区生态修复的适宜植物种，实施了极端退化生态系统的植被恢复试验，建立了植被恢复试验示范点；评估了不同植被恢复模式下生态改善效应，在此基础上提出矿山开发水土流失治理及生态修复优化模式；构建了矿区外排酸性废水防控技术体系，为金属矿区酸性矿山废水的防控提供了一个全新的解决思路。研究成果较好地解决了大宝山矿区水土流失防治和植被恢复技术难题，同时可为其他类似的多金属矿区的水土流失防治和生态修复提供借鉴。

本书是在上述研究成果的基础上编写而成的。全书共 11 章，第 1 章、第 2 章分别对研究进展、研究方法等进行了介绍；第 3 章至 6 章主要对矿区水土流失及重金属随径流泥沙迁移的特征进行了研究；第 7 章至第 9 章介绍矿区土壤重金属污染评价、基质改良、重金属耐性植物筛选的方法和结论，并对矿区不同植被恢复模式的生态改良效应进行评估；第 10 章针对矿区外排酸性水的特性，构建了基于沟渠库厂联合运用的金属矿区酸性废水防控措施体系；第 11 章从经济、技术等角度出发，论证并提出了多金属矿区水土流失防控及植被恢复对策。

本书得到了仲恺农业工程学院年薪制人员科研启动费项目、广州山水生态工程咨询有限公司科技创新项目、广东省水利厅政府采购项目（广东省矿山开发水土流失治理及生态修复研究）、中水珠江规划勘测设计有限公司科技创新项目、水利部珠江水利委员会水文局科研项目（珠江流域重要饮用水水源地达标建设项目）、广东省水利电力勘测设计研究院有限公司科技创新项目的支持。在课题研究过程中，南京林业大学博士生导师张金池教授给予了悉心指导，南京林业大学研究生陈家栋、田月亮在具体实验中做了大量工作。本书引用了参考文献中的有关内容，在此一并向各位作者表示感谢。

限于作者水平有限，书中难免有疏漏之处，敬请读者不吝指正。

著者

2021 年 10 月

目 录

前言

第 1 章 绪论

第 2 章 研究区概况及研究方法

第 3 章 土壤侵蚀强度判别模型研究

第 4 章 矿区堆积土径流及泥沙流失特征研究

第 5 章　侵蚀泥沙颗粒特征研究

第 6 章　矿区堆积土重金属随径流泥沙流失特征研究

第 7 章　矿区土壤重金属污染评价与基质改良

第 8 章　矿区重金属耐性植物筛选

第9章　矿区不同植被恢复模式的生态改良效应

第10章　基于沟、渠、库、厂联合运用的金属矿区酸性废水防控措施

第11章　水土流失综合防控对策

参考文献

第1章　绪论

1.1　研究目的和意义

矿产资源是国民经济和社会发展的重要物质基础，在经济社会发展中具有战略地位。我国是一个矿产资源大国，截至 2020 年年底，全国共发现矿产 173 种，具储量的矿产 163 种，已查明的矿产资源总量和 20 多种矿产的查明储量居世界前列[1]。据统计，我国 95% 以上的一次性能源、80% 以上的工业原料、70% 的农业生产资料都取自矿产资源[2]。

矿产资源的开发利用在带动经济发展的同时，也带来影响深远的环境问题[3-4]。资料显示，到 2005 年年底，全国矿山开采共引发地质灾害 12379 起，死亡 4250 多人，造成直接经济损失 160 多亿元。全国采矿活动平均每年产生废水、废液约 60 亿 t，排放量约为 47.9 亿 t，每年产生的尾矿或固体废弃物量约为 16 亿 t，全国尾矿或固体废弃物的累计积存量近 220 亿 t[5]。采矿产生大量没有覆盖的疏松堆积物，其在降水等外营力作用下，导致水土流失加剧，土地沙荒化，土壤质量下降，生态系统退化。矿山废弃物特别是尾矿库中往往含有各种污染成分，如过高的重金属含量、极端的 pH 值以及由于选矿而残留在尾矿中的剧毒氰化物等，这些污染物伴随着水土流失而污染水源和农田[6-8]。有关模型测算表明，堆积的废弃物污染时间可持续 500 年之久，未经处理的尾矿污染也可达 100 年以上[9]。加快矿山环境治理，实现区域生态经济的可持续发展，已经成为环境生态研究的焦点。

世界发达国家对矿区环境治理非常重视，如美国、加拿大、德国、澳大利亚及东欧一些国家都先后制定了有关法律、法令、规章来约束采矿工业对土地的破坏，以法律形式要求对采矿占用、破坏的土地进行生态恢复[10-16]。我国矿山废弃地的恢复工作开始于 20 世纪 50 年代末。但是，由于社会、经济和技术等方面的原因，直到 20 世纪 80 年代，这项工作仍处于零星、分散、小规模、低水平的状态。1988 年，我国《土地复垦规定》的出台，使我国矿山废弃地的生态恢复工作步入了法制轨道，矿山废弃地恢复的速度和质量都有较大的提高，但就总体情况而言，我国矿山废弃地生态恢复的任务仍然艰巨。据 2010 年全国矿山生态环境恢复治理现场会披露的消息，初步统计，全国因采矿形成的采空区面积约为 134.9 万 hm²，采矿活动占用或破坏的土地面积约为 238.3 万 hm²，而工矿废弃地复垦率仅为 12%。这与美国 1977 年以后新建矿山 80% 的土地复垦率有很大差距[3]。

大宝山矿位于广东省韶关市曲江区沙溪镇，始建于 1958 年，至今已有 60 多年开采历史，主要以铁矿石和铜硫矿采选为主。大范围的露天开采和不规范的民采，对地表产生强烈、持续的扰动和破坏，致使大宝山矿区山体破碎，植被破坏相当严重，引发了比较严重的水土流失及生态环境问题。广东省人大、省政府及各级媒体对此高度关注，有关领导多次作出专门指示，要求尽快对大宝山矿区环境进行整治。

大宝山矿区的突出问题是：水土流失严重，土壤受铜、锌、镉等多种重金属污染严重，土壤呈强酸性，矿产开采后形成大量的废弃地和裸露岩壁，生境恶劣，植被恢复相当困难。在大宝山矿区，一些学者针对矿区矿水外排的环境影响、污染水体中重金属的形态分布、矿区周围土壤重金属污染分布特征等进行了研究[17-24]，普遍认为大宝山矿区生态污染的主要原因之一是矿区，特别是排土场、凡洞采矿场严重的水土流失。治理矿区水土流失，控制矿区泥沙流入下游河道，是大宝山矿区生态环境治理修复工作的重点，也是难点。

本书从矿区水土流失、生态环境调查入手，利用野外原位小区模拟径流冲刷试验，研究矿区水土流失特征，识别土水土流失影响关键因子；对矿区土壤质量进行评价，针对植被恢复限制因子研究基质改良技术，通过研究植物对重金属的耐性和富集特性，筛选矿区生态修复适宜的植物种，实施极端退化生态系统植被恢复试验，建立植被恢复试验示范点；评估不同植被恢复模式下生态改善效应，在此基础上提出矿山开发水土流失治理及生态修复优化模式；构建矿区外排酸性废水防控技术体系，为金属矿区酸性矿山废水的防控提供解决思路。本书的研究成果不仅解决了大宝山矿区水土流失防治和植被恢复技术难题，也可为其他类似的多金属矿区的水土流失防治和生态修复提供借鉴。

1.2　国内外研究进展

1.2.1　矿区开采的环境问题

矿区土壤由于受采矿活动的剧烈扰动，不但丧失天然表土特性，而且具有众多危害环境的极端理化性质，其中重金属含量过高问题最为突出，是持久而严重的污染源。而有毒重金属在土壤系统中的污染过程又具有隐蔽性、长期性和不可逆性，因此常给周边地区的生态环境造成重大影响。

（1）水土流失严重，诱发次生地质灾害。地表缺乏植物保护，坡面冲刷强度加大，导致土壤侵蚀加剧，水土流失严重。在开采过程中，大量矿石从地下被采挖出来，形成的地下空间必然要由上面和周围的岩石来填补，因而往往容易形成地表塌陷。地表坡度的改变，破坏了地表物质的平衡临界状态，容易出现裂隙、滑动，继而出现大面积的山体滑坡。此外一些尾矿库长期堆放含酸碱浓度高、颗粒细的尾矿或泥灰状废弃物，一旦设施承受不了或遇到极端自然条件，就会引发溃堤、垮坝、泥石流等灾害事故，淹没耕地，淤塞河道，损毁公路，造成严重的环境污染并威胁下游居民的生命财产安全[25]。

（2）破坏植被和土地，导致生态环境恶化。矿山开采主要分为露天开采和地下开采两种方式。露天开采必须砍伐植物和剥离表土，因而地表植被往往荡然无存，取而代之的是大片的裸地；地下开采常导致地表沉陷、裂缝，影响土地耕作和植被正常生长，从而引发地貌和景观生态的改变。矿山开采不可避免地要占用土地。一般而言，露天采矿占用的土地面积相当于采矿场面积的 5 倍以上。土地因被占用而遭废弃，原有利用方式取得的效益也随之下降或丧失[26]。

（3）污染环境，危害人体健康。矿业废弃物中含有大量具有酸性、碱性、毒性或重金属成分的物质，这些物质可通过径流和大气扩散，污染水、大气、土壤及生物环境。重金属污染是矿业废弃地普遍存在且最为严重的问题，特别是有色金属矿业废弃地常含有大量有毒重金属。这些重金属在风吹、水蚀作用下能迅速向四周扩散并在土壤中积累，当积累达到一定量后就会对土壤植物系统产生毒害，不仅导致土壤退化、农作物产量和品质降低，而且通过径流和淋洗作用污染地表水和地下水，使水文环境恶化，并可能通过直接接触、食物链等途径危及人类的健康和生命[27]。

1.2.2 矿区水土流失及水土保持研究

1.2.2.1 矿区水土流失

矿区水土流失是指矿产开采或矿区基建等人为扰动地面引起剥离岩土及废弃物的搬运、迁移、堆积或者沉积，造成原土壤环境改变，导致土壤抗侵蚀能力下降、水土资源破坏和损失，最终使当地土地生产力下降甚至完全丧失。矿区水土流失是一种典型的人为加速侵蚀，存在明显不同于原地貌的侵蚀特征[28]。其对土地资源的破坏不局限于表层土壤，往往破坏深层土壤甚至基岩，深者可达几十米乃至数百米，对水资源的破坏不仅表现在地表水流失，而且表现在深层地下水破坏，这种破坏有时是不可逆的[29]。

发达国家矿区水土流失研究起源于土地复垦与矿区生态恢复研究，并随着土地复垦与矿区生态恢复研究的不断深入而发展。最早开展矿区水土流失研究的是经济发展水平较高的德国和美国，随后俄罗斯、英国和澳大利亚等国家也对此展开了研究[30]。国外在矿区建设对土壤侵蚀特性的影响研究、矿区建设对土壤养分和重金属迁移的影响研究、矿区开发对水资源调控的影响研究、矿区水土流失模型研究等方面关注较多。

在国内，矿产资源开采造成的水土流失问题受到广泛重视，特别是 1991 年《中华人民共和国水土保持法》颁布实施以来，矿区水土流失研究获得了较大进展。国内的研究主要集中在以下 5 个方面。

1. 堆积体及矿区侵蚀产沙过程、特征

王青杵等采取野外调查和模拟径流冲刷试验的方式，探讨了黄土高原煤开采区水土流失的特征和规律，并通过模拟径流冲刷试验研究了煤矸石、自燃煤矸石、煤矸石覆土 3 种堆置形式坡面产流和产沙过程、侵蚀特征及抗冲性能，结果表明在小径流冲刷下，煤矸石抗冲性能最大，坡面侵蚀轻微，而自燃煤矸石坡面侵蚀是在重力和流水冲力作用下的脉冲性泥石流侵蚀，并以此为依据提出了煤矸石排放工艺和废弃物堆置体坡面侵蚀防治的措施[31-32]。倪含斌等选择神东矿区内坡度范围为 30° ～ 35°，弃土时间分别为 2002—2003 年、2000—2001 年、1998—1999 年、1996—1997 年、1994—1995 年、1992—1993 年、1990—1991 年以及原状土共计 8 个试验区进行强度分别为 1.5mm/min 和 2.5mm/min 的土壤侵蚀模拟试验，发现不同阶段的弃土具有明显不同的抗侵蚀能力，即随着堆积时间的增加，弃土的植被覆盖度和抗侵蚀能力都有较明显的提高，弃土时间超过 7a 的地区植被和抗侵蚀能力都得到较好的恢复，而堆积时间超过 10a 的弃土基本达到原状土的抗侵蚀水平[33]。王文龙等以神府－东胜煤田未经人为扰动、撂荒的原生地面为自然侵蚀本底值的作用对象，采用野外放水冲刷试验的研究方法，对原生地面的侵蚀产沙规律进行了研究，结果表明径流量、产沙量与放水流量，径流量、产沙量与坡度的关系均呈线性相关，即随着坡度与放水流量的增大，径流量和产沙量也呈线性增加[34]。胡振华等采用室内模拟径流冲刷试验的方法，对煤矸石堆置体水土流失规律进行了研究，指出于 20°、25°、30°、35° 这 4 种坡度时，在放水流量为 2L/min、2.5L/min、3L/min、3.5L/min 的情况下，煤矸石堆置体的侵蚀产沙过程存在明显的差异：在较小坡度和流量下，侵蚀的脉动性、随机性、间歇性明显，径流体含沙量变化幅度很大；在较大坡度和流量下，侵蚀呈现明显的突发性，泥沙移动具有类似泥石流移动的特征，在冲刷初期含沙量便达到最大值，随着时间的延续，含沙量逐渐降低，最后趋于稳定。集中径流对煤矸石堆置体具有很强的冲刷作用，会造成严重的侵蚀，总侵蚀量的大小与设计流量呈线性关系，与坡面坡度呈幂函数关系[35]。张金柱等对晋陕蒙接壤区煤田开发引起的水土流失成因、特点及流域产沙特性的变化进行了深入分析，认为煤田开发是该区新增水土流失的主导因子[36]。高学田等在实地考察的基础上，论述了矿区工程建设中松散堆积物的形成及其对侵蚀的影响，以及矿区新的人为加速侵蚀方式及其危害[37]。张丽萍等以神府－东胜矿区人为泥石流为研究对象，采用人工放水冲刷模拟实验的方法，分析了坡面型和沟谷型泥石流源地松散体起动、起沙、泥石流过程的特性[38]。高学田等以神府－东胜矿区为研究范围，讨论了风蚀、水蚀交互作用的时间分布规律和全矿区、小流域及坡面 3 种空间尺度的空间分布规律，并讨论了风蚀、水蚀交互作用与坡面侵蚀和沟谷侵蚀发育[39]。吴成基等对神府－东胜矿区土壤侵蚀方式、程度及分布规律进行了系统分析，特别阐明了风蚀－水蚀过渡型侵蚀的特征及范围[40]。

2. 矿产开采对河流径流泥沙的影响

张汉雄、孙忠堂等人的研究表明，神府－东胜矿区煤田开发产生的大量弃土弃渣不仅使河道的输沙量和河床淤积增加，而且使洪水泥沙组成明显变粗，推移质增加[41-42]。张胜利等研究了准格尔煤田开发对水土流失和入黄泥沙的影响，认为煤田开发扰动了地层，使土壤的抗蚀能力大大降低，土壤侵蚀较开矿前增加 2 ～ 4 倍，新增入黄泥沙 900 万～ 1200 万 t[43]。靳长兴对乌兰木伦河王道恒塔水文站采矿前后河道汛期径流量、输沙量、含沙量及泥沙颗粒粒径等资料进行分析后发现，与未采矿前相比，采矿后同雨量下河道汛期径流量有所增加，但汛期输沙量、汛期径流量和输沙量的关系、汛期含沙量以及泥沙颗粒大小等都没有变化。采矿导致河流泥沙增加主要表现在汛期日洪量大于 $0.1 \times 10^8 m^3$ 的大洪水中，其中 1988 年和 1989 年两次大洪水，日均含沙量较采矿前同级流量洪水增加了 88.7%[44]。石辉等通过实测江西省信丰县崇墩沟小流域河流淤积泥沙断面，计算出在 7500m 长的河道中共淤积泥沙 30193t，考虑到输移比，整个流域内土壤流失量可达 3500t/km²，平均侵蚀模数也高达 1150t/（km²·a）以上。调查结果发现，河流中淤积的泥沙主要来源于稀土矿开发的尾矿流失，土壤流失量高达 99730t/km²，年平均侵蚀模数为 34000t/（km²·a）以上，属于极强度的水土流失[45]。

3. 地面沉陷的水土流失

白中科等采用遥感（Remote Sensing，RS）和地理信息系统（Geographic Information System，GIS）技术，结合类比法与专家咨询法等，研究了山西大同塔山煤矿采煤沉陷引发的土壤侵蚀与土地利用的变化。结果表明，采煤后 88.8% 的土地发生不同程度的沉陷，沉陷后的土地年土壤侵蚀总量达 42.32 万～79.05 万 t，单位面积年侵蚀量增加了 246.01～464.56t/km²，地表移动变形产生的裂缝、陷坑、塌方或小滑坡等，使农用地遭分割并破碎，地块变小[46]。张平仓等在对神府－东胜矿区采煤塌陷进行实地考察的基础上，从分析采煤塌陷形成的环境基础入手，指出了神府－东胜矿区采煤塌陷具有不可避免性、易发生性、快速性、大规模性和对环境影响的深刻性等特征，并就采煤塌陷对自然环境、社会环境以及地面建筑的影响进行了初步的评价[47]。雷霆等根据钻孔资料，运用概率积分法预测了神府－东胜矿区的地表移动程度，并在实测数据的基础上采用灰色模型对典型矿井综合开采面引起的地表最终塌陷值进行了预测[48]。胡振琪将我国煤矿区塌陷地的侵蚀问题分为永久性的土地损失，塌陷坡地的土壤侵蚀、污染和滑坡，以及泥石流灾害 3 种类型[49]。

4. 排土场的水土流失

张宇等以伊敏露天煤矿排土场为研究对象，对露天煤矿的 3 个排土场坡面的侵蚀沟、地表糙度、容重、植被进行研究，在一定的条件下对比分析各排土场的侵蚀状况和恢复情况。结果表明伊敏露天煤矿排土场坡面侵蚀较为严重，排土场的水土流失主要受容重、地表糙度、植被覆盖度和植被类型 4 个因素影响，且植被覆盖度、植被类型等可变因子对排土场坡面水土流失影响程度最为明显[50]。陈海迟等以准格尔旗黑岱沟露天煤矿东排土场为研究对象，针对露天矿排土场特殊的土壤侵蚀特点，选择不同排弃年限的排土场、边坡坡度比较一致的坡面，分别在排弃年限为当年（2009 年）、4 年（2006—2009 年）、10 年（2000—2009 年）的排土场边坡上布设径流小区，在径流小区中设置自记雨量计，记录降雨过程，据此计算每一次降雨的降水量、降雨历时、平均降水强度、最大 30min 雨强、降雨侵蚀力等，测算各降雨条件下不同排弃年限的排土场边坡产生的径流量和产沙量，分析降雨特性与排土场边坡水力侵蚀的关系[51]。耿宝军采用改进的原状土水槽冲刷法，研究露天煤矿排土场土壤理化性质与土壤抗冲性的关系，结果表明土壤抗冲指数与容重呈显著负相关，与总孔隙度和毛管孔隙度呈极显著正相关，与砂粒含量呈极显著负相关，与黏粒含量呈显著负相关，与大于 0.25mm 水稳性团聚体含量呈显著正相关，与 1～2mm 水稳性团聚体含量和 0.5～1mm 水稳性团聚体含量呈显著负相关，与土壤初渗率和稳渗率呈显著正相关，与有机质、全氮和全钾含量呈显著相关关系[52]。

5. 矿区沙漠化

李智佩等为了弄清楚陕北现代化煤炭开采对沙漠与黄土交界处土地沙漠化和地质环境的影响，以神府煤田的大柳塔-活鸡兔矿区为例，采用遥感解译、大比例尺地面调查以及GIS技术，对矿区近20年来煤炭开采区沙漠化土地及地质环境的演化特征进行分析，探讨了土地沙漠化的影响因素[53]。秦鹏等以遥感解译和野外调查为手段，选用煤矿开采初期（1987年）、中期（1992年）及近期（1999年）三期卫星遥感图像，分析了神北矿区土地沙漠化三期分布特征及变化趋势，对比了煤炭开采区与煤炭未采区土地沙漠化变化趋势的不同，探讨了矿区沙漠化面积年自然增长率以及煤炭开采对沙漠化的影响程度，认为煤炭开发初期环境破坏加剧，造成土地沙化面积增加，而在矿井正常生产时期，由于环境治理力度加大，土地沙漠化趋势出现逆转[54]。夏斐就榆神府矿区特定的自然环境、地质背景及严重的土地沙漠化状况，结合水文地质条件，在沙漠化现状评价的基础上，对其发展趋势进行了预测和分区[55]。

1.2.2.2 矿区水土保持

国外工矿区水土保持起源于土地复垦，是伴随土地复垦而不断发展的，其重点是矿区水土保持。而矿区水土保持与矿区土地复垦有着密切的关系，是矿区土地复垦的保障性措施，矿区土地复垦科学研究、技术推广的发展过程，很大程度上也是矿区水土保持科学研究和技术推广的发展过程。

国外土地复垦工作起步较早，且各有特色[56]。美国西弗吉尼亚州于1939年首先颁布了第一个管理采矿的法律——《复垦法》。1977年8月3日，美国国会通过并颁布第一部全国性的土地复垦法规——《露天采矿管理与土地复垦法》，使美国土地复垦工作走上正规的法制轨道。美国矿山复垦后并不强调农用，而是强调恢复破坏前的地形地貌，要求原农田恢复到农田状态，原森林恢复到森林状态，防止破坏生态，把环境保护提到极高的地位或看作唯一的复垦目的。它要求控制水流的侵蚀和有害物质沉积，保持地表原状和地下水位，注重酸性和有害水的预防和处理，保持表土仍在原位置，防止矸石和其他固体废物堆放后滑坡，消除采矿形成的高墙（90°陡坡），使其恢复到近似等高的状态，恢复植被，成为水生动物、陆地野生动物栖息场所。德国在20世纪20年代就开始对褐煤露天开采区进行绿化。在英国，立法、执法严格，采矿后必须复垦，复垦资金来源明确，复垦成绩显著。1993年，英国露天矿已复垦5.4万hm²，用于农业、林业，重新创造了一个和谐共生、风景秀丽的自然环境。露天矿采用内排法，边采边回填，再复垦。在法国，由于工业发达、人口稠密，故土地复垦工作要求保持农林面积，恢复生态平衡，防止污染。另外，因各国土地复垦的发展历史、产生背景、所处地理环境不同，概念和定义也不尽相同。苏联部长会议第407号决议认为，土地复垦是"从事与破坏土壤有关的矿藏和泥煤开采、地质勘探、勘测、建筑和其他工作的组织和机关，在提供使用的农田或林地已无需要时，必须以自己的资金使其达到适宜于农业、林业或渔业使用状态，而在其他土地上进行上述工程作业时，应使其达到适宜于规定用途的状态"。美国将土地复垦定义为"将已采完矿的土地恢复成管理当局批准使用的采后土地的各种活动"。

矿区水土保持在中华人民共和国成立前尚属空白。中华人民共和国成立后，采矿、冶金、建筑企业高速发展造成的水土流失，引起了国家主管部门的注意。此后，国务院先后发布了《中华人民共和国水土保持暂行纲要》和《关于开荒挖矿、修筑水利和交通工程应注意水土保持的通知》，对工矿区水土保持提出了具体要求，但限于当时的形势和条件，只有个别企业如中条山有色金属集团公司、广东坂潭锡矿、山东掖县镁矿等，在防洪、土地复垦、水土保持方面做了一些工作，其中中条山有色金属集团公司吸取 20 世纪 50 年代建厂之初因水土流失蒙受重大经济损失的教训，在防洪、排水、废水回收、绿化等方面取得了成功经验，但并未引起大多数矿山企业的重视。就全国而言，工矿区水土流失问题仍然普遍存在[57-59]。

1991 年 6 月 29 日，我国颁布了《中华人民共和国水土保持法》，1993 年 8 月 1 日又出台了《中华人民共和国水土保持法实施条例》，之后各地相继颁布相应的地方法规，从中央到地方健全了水土保持监督机构，工矿区水土保持进入了一个崭新的阶段。工矿企业开始向水行政主管部门申报水土保持方案，如华能精煤公司委托黄河上中游管理局规划院调查编制了《神府-东胜矿区水土保持河道整治综合监测报告》，平朔安太堡露天煤矿委托山西农业大学编制了《安太堡露天煤矿水土保持方案》，京九铁路部分路段、万家寨引黄工程等大型建设项目也编制了水土保持方案。1995 年 5 月，水利部发布了《开发建设项目水土保持方案编报审批管理规定》，同年 6 月又发布了《编制开发建设项目水土保持方案资格证书管理办法》，进一步规范和推动了工矿区水土保持工作。

矿区水土流失的防治研究以工程措施与生物措施为主，经过几十年的发展，特别是近些年来，关于矿区水土流失防治的研究取得了较快发展[60]。吕春娟等以平朔露天煤矿复垦 10a 排土场为试验平台，采用时空互代法，在 50a 一遇暴雨后对不同复垦阶段排土场的岩土侵蚀情况进行调查分析。结果表明，对于新造地来说，堆状地面是解决排土场地表严重压实和非均匀沉降的最好方法。复垦初期（1～3a），植被的水土保持作用不是很明显，主要是草本植物在发挥作用，各种侵蚀形式还普遍存在；复垦中后期（4～10a），随着生物多样性的增加、植被覆盖率的提高，枯枝落叶层逐渐累积，各种侵蚀都逐渐减弱，局部边坡还会发生浅沟侵蚀。复垦中后期与复垦初期相比，乔灌的保水保土效果逐渐凸显，乔灌草混交的样地甚至不产生径流和土壤侵蚀。研究认为，人工堆积的排土场、岩土侵蚀是一种潜在的危险，但乔灌草合理配置是一种经济有效的水保措施，在实施过程中还应不断完善复垦法律法规[61]。王治国等分析了黄土高原矿区水土流失特点，提出矿区水土保持的关键在于恢复并提高复垦地的生产力，建立排蓄系统并采取抗滑、抗崩塌、修筑拦渣坝、保护河岸、疏浚河道等措施[62]。卞正富等提出了控制复垦区水土流失的设计方法及措施，介绍了生物多样性指数在矿山水土保持区适种植物品种及种植方案优选时的应用[63]。吴长文等在分析采石场水土流失产生的原因及其危害的基础上，针对采石场、废石场分别提出了相应的管理办法和水土保持措施[64]。林明添等针对福建省大田县铁矿、钨矿开采产生的水土流失，在野外调查的基础上，剖析了大田县地下矿开采与水土流失的关系，阐述了矿区生态问题及其危害特点，提出了矿区水土保持战略目标和治理措施[65]。范细财针对福建省将乐县石灰岩矿区水土流失状况，结合该县 1984 年普查资料，初步分析了矿区水土流失原因，提出了严管矿区"三废"、植物措施和工程措施相结合的水土保持治理措施[66]。温用平对稀土矿区的水土流失特点进行分析，并具体阐述了对开采稀土矿造成的水土流失进行水土保持综合治理的方法和措施，试图探索稀土矿区水土保持综合治理模式[67]。郭在扬针对龙岩地区煤矿开采产生的水土流失，深入分析了矿区开发带来的水土流失的危害性，提出了采取加大宣传和预防监督力度、修建防护工程的防治策略[68]。张金桃对韶关冶炼厂重金属矿业废弃地植被重建技术及可行性进行了研究，认为选择适生植物、培养良种壮苗、合理配置和正确组合植物，并辅以水土保持措施是快速恢复植被、控制水土流失、重建退化地生态系统的有效措施，科学的养护管理是稳定生态系统的保障[69]。

1.2.3 矿业废弃地生态恢复

1.2.3.1 矿业废弃地生境特征

矿业废弃地生境主要具有以下特征。

（1）物理结构不良，持水保肥能力差。矿业废弃地物理结构不良主要表现为基质过于坚实或疏松。一方面，采矿地的表土通常会被清除或挖走，而采矿后留下的通常是矿渣或心土，加上汽车和大型采矿设备的重压，因此暴露在外的往往是坚硬、板结的基质；另一方面，采矿活动产生的废弃物粒径通常为几百毫米乃至上千毫米，短期内自然风化粉碎困难，其空隙大、持水能力极差，加上表土受到严重扰动，原始结构被破坏，因而往往具有松散的结构，这种过于坚实或疏松的结构使土壤的持水保肥能力下降，从而影响土壤的生物肥力水平。

（2）极端贫瘠或养分不平衡。植物正常生长需要多种元素，其中氮（N）、磷（P）、钾（K）等元素不能低于正常含量，否则植物就无法正常生长。矿业废弃地的基质中一般都缺少 N、P、K 和有机质。张志权等对我国南方 5 个铅锌尾矿废弃地的基质养分状况进行分析，发现主要营养元素均少于植物正常生长所需量，其中尤以有机质、N 和 P 最为缺乏，仅为我国自然植被土壤平均背景值的 1/5 ～ 1/3。废弃地中的 P 常处于化合物中，或被分解释放，植物难以吸收。采矿活动剥离了发育良好的土壤基质，破坏了地表植被层，水土流失加剧，缺少有机物来源，都导致土壤有机质严重缺乏。

（3）重金属含量过高。矿业废弃地中常含有大量铜（Cu）、铅（Pb）、锌（Zn）、铬（Cr）等重金属元素。这些重金属元素的存在与植物生长有很大关系，适当的重金属浓度是生长所需的。这些重金属元素微量存在时，可作为土壤中的营养物质促进植物生长，一旦超量存在，则成为阻止植物生长的有毒物质，尤其是当这些重金属元素共同存在并同时过量时，毒性的协同作用对植物生长危害更大。一般认为，土壤中可溶性铝（Al）、Cu、Pb、Zn、镍（Ni）等对植物显示毒性的浓度为 1 ～ 10mg/kg，锰（Mn）和铁（Fe）为 20 ～ 50 mg/kg[70]。

（4）极端 pH 值。大多数植物适宜生长在中性土壤环境中。当土壤的 pH 值达到 7 ～ 8.5 时呈强碱性，可使植物枯萎，而当其 pH 值小于 4 时，则呈强酸性，对植物生长有强烈的抑制作用。高度酸化是大多数矿业废弃地共同的特征。矿业废弃物大都含有各种类型的金属硫化物，这些金属硫化物与空气接触后可产生氧化作用而生成硫酸并使基质严重酸化，严重时 pH 值可降至 2.4 左右，尾矿渗出液甚至低至 2 左右。强酸除了其自身会对植物产生强烈的直接危害外，酸性条件还会加剧重金属的溶出和毒性，并导致土壤养分不足[71-72]。此外，在酸性环境中，大量金属离子和有毒盐可进入土壤溶液中，破坏土壤微生物环境，并影响土壤酶的活性，进而阻碍根的呼吸作用及其对矿物盐和水的吸收。

（5）干旱或生理干旱严重。矿业废弃地由于物理结构不良、持水能力差，加上地表植被破坏，因而基质水分含量极低，干旱现象普遍。部分矿业废弃物中常积累有钙（Ca）、镁（Mg）、钠（Na）的硫酸盐和氯化物，使得基质含盐量偏高，而过量的可溶性盐可增加土壤溶液的渗透压，影响根系吸收水分，导致植物生理干旱，脱水死亡，种子不能萌发。此外，矿业废弃物主要由剥离废土、废石、低品位矿石和尾矿等组成，固结性能差，且表面缺少植被保护，基质松散易流动，水蚀、风蚀现象显著，土层结构不稳定，表面温度较高，这些因素均能导致矿山废弃地出现极端生境。

1.2.3.2　矿业废弃地生态恢复的定义

矿业废弃地生态恢复的定义是一个不断完善和发展的过程，随着时代的变迁，不同国家因社会经济的发展程度不同，废弃地生态恢复的目的不同，给矿业废弃地的生态恢复赋予了不同的含义。虽然各类研究人员对其有不同的称谓，表述不尽一致，方向也各有侧重，但从近年研究及相关工程的实施情况来看，基本内容趋于一致，侧重于更综合的生态问题。与中国的土地利用目标不同的是，国外注重生态环境保护、生物多样性保育和自我维持生态系统的复原[73-74]。因此，矿业废弃地的生态恢复是在废弃地生态系统退化和自然恢复过程与机理等理论研究的基础上建立相应的技术体系，指导因采矿活动而遭破坏的生态系统恢复，进而服务于废弃地生态破坏、土地资源利用和生物多样性保育等理论与实践活动。矿业废弃地生态恢复的一系列实践活动直接推动了恢复生态学这一学科的建设与发展，而恢复生态学的基本原理是矿业废弃地生态恢复的理论基础。

1.2.3.3　国内外矿业废弃地植被恢复现状

1. 国外研究情况

英国、美国、澳大利亚等发达国家有悠久的开矿历史，其最初恢复生态学方面的工作主要集中于开矿后废弃地植被恢复。国外矿山废弃地生态恢复研究推动了恢复生态学的发展。

（1）生态重建理论的发展。1975 年，在美国弗吉尼亚多种技术研究所和州立大学召开了题为"受损生态系统的恢复"的国际会议，讨论了各种生态系统恢复于过程中的特征、生态恢复过程中的一般性原则和概念等，并呼吁加强受损生态系统科学数据和资料的搜索，开展技术措施研究及加强国际间的合作[75-76]。之后，Cairns 先后出版了《恢复受害生态系统》第一版和第二版，对生态系统受害类型、退化现象和过程及受害生态系统的恢复与重建理论和措施等作了深入研究[77-78]。1980 年，Bradshaw 等出版了 *the Restoration of land: the ecology and reclamation of derelict and degraded land*，从不同角度总结了生态恢复过程中的理论和应用问题[79]。1987 年，Jordan 等出版了 *Restoration ecology：a synthetic approach ecological research*，认为恢复生态学是从生态系统层次上考虑和解决问题，在人的参与下，一些生态系统可以恢复、改建和重建[80]。

（2）矿业废弃地植被恢复现状。近半个世纪以来，世界发达国家对矿业废弃地治理非常重视[81-83]。全世界废弃矿区面积约为 670 万 hm²，其中露天采矿破坏和抛荒地约占 50%[84]。根据美国矿物局的调查，美国平均每年采矿占用土地 4500hm²，其中已有 47% 的废弃地恢复生态环境，1970 年以来，生态恢复率为 70% 左右[85]。英国露天煤矿每年增加 2100hm²，各级政府重视，通过法律、经济等措施，效果显著，到 1993 年，露天采矿占用地已恢复 5.4 万 hm²，恢复率达 87.6%。德国是世界上重要的采煤国家，对煤矿废弃地生态恢复也十分重视，到 1996 年，全国煤矿开采破坏土地 15.34 万 hm²，完成生态恢复的面积为 8.23 万 hm²，恢复率达 53.7%。

（3）矿业废弃地主要恢复技术。恢复技术主要包括以下 5 种。

1）覆盖土壤。对于任何类型的矿山废弃地来讲，最简单的办法就是覆盖土壤，但所需费用较高，因此在经济条件比较好、生态环保意识强的地区可以使用[86]。

2）物理处理和化学处理。一般情况下，由于经济条件限制，覆盖土壤处理措施并不具备可行性。在废弃地植被恢复过程中常采用松土、整土等物改善土壤物理结构，取得了良好的效果[87]。针对废弃地 pH 值太低的问题，添加碱性物质以调整土壤的 pH 值也是非常有效的[88-93]。

3）添加营养物质。大部分矿山废弃地土壤中都缺乏氮、磷等营养物质，阻碍了植物的生长，解决这类问题的办法是添加肥料或利用豆科植物的固氮能力[94]。

4）去除有害物质。在废弃地恢复过程中，有害物质的毒性存在严重影响，如在重金属严重污染的地区，能够生长的植物仅仅是那些耐重金属污染的物种。因此，这类废弃地生态重建的前提是选择先锋树种，先锋树种必须耐重金属并对之施加肥料。所以，耐重金属污染植物种的筛选及其蕴藏的基因资源受到科学界的普遍关注，人们开始利用现代生物技术克隆重金属污染基因，试图培育出适用于重金属污染土生长的植物种类[95]。

5）添加物种。在矿山废弃地恢复过程中，通过人工选择物种，可使土壤的物理化学性质得到改良，从而缩短植被演替的进程，加快废弃地的生态重建进程[96-98]。在添加物种时，最先添加的物种往往是草本、灌木和木本植物，并按照草本、灌木、木本植物的顺序进行，其中豆科植物起着关键性的作用[99]。

通常，上述 5 种技术是因时、因地配合使用的，并已在英国、美国、德国等国家的矿山废弃地生态重建中取得了显著效果[100]。

2. 国内研究情况

我国的恢复生态学研究，前期以土壤退化为主，主要针对水土流失、风蚀沙化、草场退化及盐渍化、土壤污染及肥力贫瘠化，展开了森林生态系统的退化与恢复、草地生态系统的恢复改良、湿地的恢复重建等研究[101]。20 世纪 90 年代以来，对矿业废弃地复垦和重金属污染区植被修复的研究进一步深入[102-103]。

（1）我国矿业废弃地植被恢复状况。20 世纪 50—80 年代，广东凡口铅锌矿等矿山相继开展了一些废弃地植被恢复工作，并取得了一些宝贵经验。1988 年 10 月，国务院颁布了《中华人民共和国土地复垦规定》，开辟了我国土地复垦的新时代。1989—1991 年，国家土地部门先后在河北、山东、山西、湖北、广东、辽宁等地设置土地复垦点，到 1992 年年底已复垦土地 3.3 万 hm^2。1994 年，国家又在江苏铜山、安徽淮北、河北唐山创建了 3 个复垦综合示范区。各地矿山在当地土地管理部门的带领下也取得了大量复垦经验并及时推广，还建立了许多复垦示范基地。在东部采煤塌陷矿区，土地复垦率已达 30% ~ 50%，其中广西平果铝矿达 73%，江西永平铜矿达 55%，陕西安康金矿达 69%，取得了较好的复垦效果。总体来看，20 世纪 80 年代，复垦率为 2% 左右，90 年代初，复垦率为 6.7%，到 1994 年，复垦率达 13.3%。可见，近年来废弃地的复垦工作已引起较普遍的重视，复垦率也以较快的速度增长，但与国外相比还有很大差距。

（2）我国矿业废弃地生态重建的实践。相关实践主要包括以下 4 个方面内容。

1）矿业废弃地生态恢复。在经济较发达的东部地区，矿山废弃地的生态恢复已经受到普遍关注。根据中国国情，深入研究不同类型废弃地复垦的技术体系、促进理论研究和实践的结合是中国矿业废弃地复垦工作的当务之急。矿业生态恢复的关键是在正确评价废弃地类型和特征的基础上进行植被恢复与重建生态系统自行恢复并实现良性循环[104]。不同矿业废弃地具有不同的生态重建途径，按照景观生态学原理，在宏观上创造合理的景观格局，在微观上创造适合的生态条件，才能实现生态重建目标[105]。何书金和苏光全筛选出影响矿业废弃地土地复垦潜力的自然和社会经济条件等 4 类、14 个亚类因子，并划分了 6 个等级，为全国矿业废弃地复垦潜力评价、废弃地有效合理利用提供了参考[106]。孙泰森和白中科对平朔安太堡露天煤矿土壤系统做了生态系统演变阶段及类型的划分、土地利用结构调整的研究、复垦土地适宜性评价单元类型的划分和土地复垦与生态重建规划方法的研究等工作[107]。胡宏伟等研究表明，在废弃地上铺盖厚约 20cm 垃圾及 20kg/m^2 石灰，可提高尾矿的 pH 值并降低导电率，而且能较有效地阻止下层尾矿的酸化，植物生长良好[108]。陈龙乾等研究表明，可以利用煤矸石为废弃地的填充复垦材料，辅以其他措施，治理废弃地恶化的生态环境[109]。

2）矿业废弃地重金属植物修复。在污染的土壤中种植对重金属具有特殊耐性的超富集植物，可以迅速将大量污染物吸收和富集并运输到植物上部，然后通过收获植物的方式实现治理的目标。在废弃 3000 余年的湖北铜绿山古冶炼渣上已形成以草本植物为主体的植被，其中鸭跖草是 Cu 的超富集植物，可用于 Cu 污染土壤的修复与生态系统重建。

3）矿业废弃地土壤肥力。对我国矿区常见废弃地进行植被恢复与重建，首要问题在于对立地条件进行分析评价与改良[110]。阳承胜等发现土壤生物肥力水平是矿业废弃地生态恢复的关键因素，并系统地介绍了矿业废弃地的土壤生物组成及功能，讨论了矿业废弃地生态恢复中土壤生物的管理问题[111]。

4）矿业废弃地植被演替。在植物群落形成与演替的过程中，各物种的种群和数量及综合优势比呈动态变化。废弃地植物群落形成与演替的过程按演替序列可分为 3 个阶段，即草本—灌木—木本。伴随着群落的演替和形成，植物群落的物种多样性呈逐渐增加的趋势[112]。白中科等研究了平朔安太堡露天煤矿区生态系统演替的阶段、类型和过程[113]。

刘世忠等研究茂名北排油页岩废渣堆放场670hm^{2}次生裸地的自然恢复植被演替后发现，20多年间，入侵定居植物大多是草本植物，物种单一，结构简单，处于群落次生演替的前期阶段，表明废渣场次生裸地的植被为一些抗逆性强的先锋树种[114]。因此，矿业废弃地必须辅以人工措施，以加速植被的恢复进程。

1.2.4　重金属污染土壤的植物修复

随着工业、采矿业和农业的发展，环境污染也日益严重，威胁着人类的生存和发展，已引起政府、公众和学者的普遍关注。水和大气污染产生的环境危害往往迅速表现出来，因而常常引起人们的高度重视，而土壤污染具隐蔽性和滞后性，因此研究相对较晚[115]。土壤重金属污染具有持久性，不像大气和水体那样容易稀释和扩散，一旦污染，常常需要漫长的时间才能恢复。重金属常通过食物链进入人体，会产生不可逆转的危害。近些年来，全世界重金属污染的土壤逐年增加[116]，因此，重金属污染问题日益受到关注。

目前，重金属污染土壤治理方法有物理法、化学法、生物法和植物修复法。物理法和化学法相对比较成熟，但费用昂贵，易破坏土壤结构和微生物区系，且操作技术烦琐，难以用于大规模的重金属污染土壤治理。生物法包括微生物法、植物修复法。微生物法主要改变重金属的形态和有效性，并没有从根本上改变土壤重金属污染。植物修复法则表现为技术措施简单、成本低、对土壤扰动少、具有不可替代的优势而备受关注，已成为国内外的研究热点，并逐步走向商业化[117]。

1.2.4.1　植物修复机理

土壤中的重金属污染是植物生长的一种逆境，大量重金属进入植物体内，参与各种生理生化反应，导致植物的吸收、运输、合成等生理活动受到阻碍，代谢活动受到干扰，生长受到抑制，甚至导致植物的死亡。这种伤害机理是非常复杂的，可能是单一元素的伤害，也可能是几种重金属的共同伤害。而超富集植物不仅能生长在重金属污染的环境中并表现出极强的抗性，而且能对污染土壤进行修复，减少土壤重金属含量，降低土壤的重金属危害性。

1.2.4.2　植物对重金属的抗性机理

植物对重金属的抗性是指在土壤重金属含量很高的条件下，植物不受伤害或受伤害的程度小，能够生长、发育，并完成生活史。植物适应重金属胁迫的机制复杂多样，可以通过两种途径实现，即避性（Avoidance）和耐性（Tolerance）。这两种途径往往能协同作用于同一植物体上，在不同植物、不同的环境中，可能以某一途径为主[118]，主要有限制重金属进入植物细胞体内、排斥重金属、重金属络合、加强抗氧化防卫系统的作用。

1.2.4.3　植物对重金属的富集机理

耐性是植物在重金属污染土壤中生存的基础条件[119]，超富集植物除了具有普通植物耐重金属的机理外,还能超量吸收和积累重金属。有关机理尚未完全清楚,目前对植物超富集机理取得的研究进展,主要体现在植物的吸收、运输等方面。

1. 植物对重金属的吸收

在土壤重金属总量或有效态含量较低时,超富集植物积累量常是普通植物的百倍以上,工作机理是超富集植物对根际重金属进行活化。其途径为:①根系分泌质子酸化根际环境,促进重金属溶解;②根系分泌有机酸,促进重金属溶解,或与结合态重金属形成螯合物,增强重金属的溶解度;③根系分泌植物高铁载体,促进土壤中结合态铁、锌、铜、锰的溶解;④根系细胞膜上还原性酶促进高价金属离子还原,增加金属溶解度[120]。

2. 植物对重金属的运输

重金属进入根细胞以后,将会运输到植物体的各部分。重金属在植物体内的运输分为三个过程,即重金属通过共质体进入木质部,重金属在木质部的运输,重金属向叶、果实等部位运输。由于植物内皮层存在凯氏带,重金属只有通过共质体才能进入木质部。在这个过程中,重金属的运输往往受到抑制,超富集植物能减少重金属在液泡中的区隔分布量[121-122],有利于将重金属装载至导管并向地上部运输。

3. 重金属在植物体内的分布

重金属进入植物体后,可分布在植物各部分,但表现出明显的区室化分布。在组织水平上,主要分布在外表皮和皮下组织中;在细胞水平上,主要分布在液泡和质外体等非生理活性区。大量重金属如铅、锌、铜等沉积在细胞壁上,阻止重金属进入原生质而产生伤害。

1.2.4.4　重金属污染土壤的植物修复方法

重金属污染土壤的植物修复方法按其修复的机理和过程可分为植物提取、植物挥发、植物固定、根际过滤。其中以植物提取修复意义最大,人们常常也将植物提取修复称为植物修复。

1. 植物提取(Phytoextraction)

植物提取是指利用植物吸收土壤重金属,收获部分植物体而达到减少土壤重金属的目的。普通植物吸收的量少,而超富集植物可大大提高重金属的去除速度,Baker 等研究表明,栽植超富集植物天蓝遏蓝菜清除土壤中的锌的速率分别是油菜和萝卜的 146 倍和 79 倍,因而植物提取修复主要指超富集植物提取[123]。植物对重金属的提取包括根系对重金属吸收、通过木质部和韧皮部运输以及植物收获体富集。植物对重金属离子的吸收,主要受土壤重金属有效态含量和植物根系吸收能力的影响。土壤重金属的有效态受重金属总量、土壤微生物、pH 值、Eh(氧化还原电位)值、有机质、含水量和其他营养元素的影响[124-125]。

2. 植物挥发(Phytovolatilization)

植物挥发是指将从污染的土壤中吸收到体内的重金属转化为可挥发状态,通过叶片等部位挥发到大气中,从而减少土壤中的重金属。其转化和挥发的机制目前还不清楚。这一修复途径只限于汞、硒等挥发性重金属污染的土壤,此外将汞、硒等挥发性重金属转移到大气中有没有环境风险仍有待于进一步研究。汞是挥发性重金属,常以单质汞、无机汞

（HgCl、HgO、HgCl$_2$）、有机汞（CH$_3$Hg、C$_2$H$_5$Hg）的形式存在，其中以甲基汞的毒性最大。一些细菌可将甲基汞转化为毒性小、可挥发性的单质汞，从受污染的土壤中挥发出去。

3. 植物固定（Phytostabilization）

植物固定是利用超富集植物和耐性植物吸附和固持土壤中的重金属，并通过根际分泌的一些特殊物质转化土壤重金属形态，降低重金属毒性。植物固定的作用体现在两个方面：①通过植被恢复，保护污染土壤免受风蚀和水蚀，减少重金属通过渗漏、水土流失、风沙等途径向地下水和周围环境扩散；②根系及其分泌物能够吸附、累积、沉淀、还原重金属，降低重金属的迁移性和生物有效性。植物分泌物可将 Cr^{6+} 转化为 Cr^{3+}，降低铬的毒性[126]。植物固定的修复方法只是将重金属固定，改变重金属的形态，没有从根本上去除重金属，在环境条件改变时，重金属可利用性将会改变。不过这一方法对于采矿废弃地和污泥中的重金属修复有重要作用，例如，在黔西北炼锌区废弃地，河流中 90% 的重金属来自冶炼废渣，以及因土壤水土流失而进入河流悬浮物的重金属[127]，通过植物固定可明显控制重金属对河流的污染。

4. 根际过滤（Rhizofiltration）

根际过滤是指在受重金属污染的水体中，植物利用庞大的根系和表面积，过滤、吸收和富集水体中的重金属，在收获植物后，减少水体中的重金属。适用于根际过滤方法的植物通常根系发达，对重金属吸附能力强，包括水生植物、半水生植物和陆生植物。浮萍和水葫芦可有效清除水体中的镉（Cd）、铜、硒（Se）[128-129]，湿地中的宽叶香蒲和芦苇对铅、镉、镍（Ni）、锌有很高的去除率。

1.2.5　大宝山矿区区域环境问题研究进展

目前，有关大宝山矿区环境问题的研究，主要集中在以下几个方面。

1. 土壤污染研究

黄穗虹等运用 HCl、DTPA（二乙基三胺五乙酸）、CaCl$_2$、NH$_4$NO$_3$、MgCl$_2$、去离子水 6 种单一提取剂对大宝山矿区周边上坝村受污染菜地土壤中 Pb、Zn、Cu 和 Cd 生物可利用性的指示能力进行了分析，发现 3 种菜地中 HCl、DTPA 提取态的 Pb、CaCl$_2$、NH$_4$NO$_3$、MgCl$_2$ 提取态的 Zn，CaCl$_2$ 提取态的 Cd 可以比较好地反映金属的生物有效性，而 3 种蔬菜中的 Cu 与土壤 6 种提取态的 Cu 均没有显著的相关性。土壤样品中铁锰氧化物对 Pb、Zn、Cu 和 Cd 的固定作用直接影响这 4 种重金属的析出，并且 Cu、Cd 和 Pb 所受的影响要强于 Zn[130]。周建民等对广东大宝山矿区周围尾矿、沉积物（土壤）中重金属的总量和化学形态进行了详细研究。结果表明，该矿区周围土壤污染是以 Cu、Zn、As（砷）、Cd 和 Pb 为主的多金属复合污染，综合污染指数为 0.89 ~ 32.34。污灌稻田土壤中重金属 Cu、Zn、As 和 Cd 的平均浓度分别达 560.91mg/kg、1135.08mg/kg、218.07mg/kg 和 2.453mg/kg，远远超出了土壤环境二级标准值，最大超标倍数分别为 20.09 倍、10.37 倍、18.36 倍和 10.23 倍。Cu、Zn 和 Cd 的水提取态和 EDTA（乙二胺四乙酸）提取态含量较高，生物可利用性高，对周围生态系统有较大的潜在危害，而 As 的 2 种提取态和 Pb 的水提取态含量均很低，潜在危害相对较小。同时发现，土壤水溶态和 EDTA 提取态重金属含量与土壤 pH 值呈明显负相关[18-19]。秦建桥等对粤北大宝山铅锌尾矿污染区土壤酶活性进行了测定。结果表明，污染区土壤酶活性随着重金属污染程度的加剧而显著降低，其中脱氢酶和脲酶活性下降最明显。多元回归模型显著性检验表明，蔗糖酶活性与矿区土壤重金属复合元素含量之间呈极显著相关，而单一脱氢酶、蛋白酶以及酸性磷酸酶活性与重金属复合元素含量呈显著相关。该研究表明矿区土壤重金属复合污染对土壤酶活性有抑制效应[131]。杨小强等对矿山污染河流的沿岸土壤及未受污染土壤的磁化率进行研究后认为，磁化率值的大小反映了沉积物（土壤）重金属污染的程度，并受土壤酸度和沉积物粒度的影响。此外，该研究认为部分重金属元素的原生污染甚至比后期采矿作用造成的污染更为严重。这也证明了磁化率可以作为土壤重金属污染监测的替代性指标，为解决土壤重金属污染问题提供了另一条途径[132]。

2. 水污染研究

陈清敏等采用公里网格的方式在大宝山矿区水系采集水样品 60 件，进行分析测试，得出了该研究区内 Cr、Cd、Co（钴）、Ni、Cu、Zn、As、Sb（锑）、Hg（汞）、Pb 共 10 种重金属元素的分布特征。其中污染最严重的是 Cd，其次是 Zn、Cu、Pb、Cr、Ni、Hg。根据元素浓集中心的分布分析得出污染源主要是矿坑土、尾矿坝、废石堆和民采点[133]。杨振等采用 Hakanson 潜在生态危害指数法对广东大宝山矿区 4 条河流的水系沉积物重金属污染进行了潜在生态风险评价。多种重金属生态风险指数（Ecological Risk Index）表明：4 条河流的重金属污染均达到了强生态危害，导致强生态危害的主要重金属元素是 Cd、Cu 和 As，Pb、Hg 次之，Zn、Cr 影响最小，受污染河流主要为凡洞河与船肚河。分析表明，采矿活动对重金属的含量及分布有很大影响，Pb-Zn、Pb-As、Zn-Cd 和 Zn-As 的同源性很高，Hg 则表现出不同于其他元素的累积特征。沉积物的粒度对重金属元素在其中的含量也有较大影响，除 Cr、Hg 和 Pb 外，Cd、Cu、As、Zn 等元素在沉积物中的含量均受沉积物粒度的影响[134-135]。蔡美芳等对矿区周围土壤沉积物中重金属的总量和化学形态进行详细分析，认为河水灌溉的稻田中重金属（Cu、Cd、Pb 和 Zn）的质量分数也远远超出了土壤环境二级标准值，并以残渣态为主。生长在矿区周围的植物也受到不同程度重金属的污染且不同植物吸收和积累重金属的能力相差很大[21]。赵宇鴳等对河流水体及受污土壤进行研究后认为，大宝山地区处于 Cd 高异常区，存在严重的 Cd 污染。尾矿库是主要的污染源，Cd 以离子形态随流水向下游迁移，受污染的土壤中含有较高的酸可溶态 Cd，活性较高[136]。

3. 尾矿污染研究

刑宁等以大宝山槽对坑尾矿库、新鲜尾矿排放口和铁龙尾矿库 3 个不同区域的尾矿为研究对象，采用 Dold 提出的七步分级化学提取法研究了 Cu、Pb、Zn、Mn 共 4 种重金属的化学形态特征，并分析了其潜在的迁移能力。结果表明，Cu、Pb 在所有尾矿中以原生硫化态和残渣态为主；Zn 在槽对坑尾矿和新鲜尾矿中以原生硫化态和残渣态为主，在铁龙尾矿中，水溶态、可交换态、羟基氧化铁态、铁氧化态和有机态增多，这 5 种形态所占比例的总和超过 40%；Mn 在槽对坑尾矿样品中以残渣态为主，在新鲜尾矿中以羟基氧化铁态、原生硫化态和残渣态为主，而在铁龙尾矿样品中以水溶态为主。在槽对坑和铁龙尾矿中，重金属的潜在迁移能力从大到小依次为 Mn、Zn、Cu、Pb，在新鲜尾矿中从大到小依次为 Mn、Cu、Zn、Pb，不同采样点重金属潜在迁移能力从大到小依次为铁龙尾矿样品、新鲜尾矿样品、槽对坑尾矿样品[24]。

4. 外排酸性废水及其区域环境影响研究

大宝山外排酸性废水对环境的影响一直以来都受到关注，针对矿区周围水体中重金属的形态分布及迁移转化、下游水生生态系统和农业生态系统影响、污染水田土壤重金属的微生物学效应以及污染元素间多元分析、矿区周围土壤重金属污染分布特征及危害性、矿区生态环境退化现状及综合治理途径等研究，都取得了不同程度的研究成果[137-138]。林初夏等就矿区排出的酸性矿水对下游农村地区农业生态系统影响进行的研究认为，矿水外排使得附近农田所用灌溉水酸度提高，土壤严重酸化，灌溉水带来的大量重金属使土壤和作物中的重金属质量分数严重超标，粮食和果蔬等作物中部分重金属的质量分数甚至超过国家规定限量值的 100 倍。采矿业排出的酸性矿水对周边农村地区农业生态系统造成了严重破坏，应引起足够的重视[20]。陈炳辉等在对大宝山矿山生态污染原因进行调查后认为，水土流失和富含重金属的酸性矿山废水是该矿山污染的主要原因，在对民采部分进行严格管理之外，应根据经济情况，利用植物修复和碱中和处理技术逐步进行治理，同时加强矿山外排酸性废水中重金属元素的生物地球化学和微生物学方面的研究工作，开发适宜治理该矿山外排酸性废水的微生物治理技术[139]。

大宝山矿区环境问题在广东省有很强的代表性，一些学者对此展开了广泛研究，但对矿区水土流失、植被恢复、重金属污染土壤修复等尚未展开系统研究。

1.3 研究内容

1.3.1 矿区土壤侵蚀强度判别模型研究

通过对大宝山凡洞矿场水土流失强度、坡面特征进行调查研究，本书构建了矿区土壤侵蚀强度判别模型，进行土壤侵蚀强度判别。

1.3.2 堆积土径流及泥沙流失特征研究

堆积如山的松散弃土、弃渣是大宝山矿区最主要的水土流失源和环境污染源。本书利用野外原位小区模拟径流冲刷试验，研究堆积土径流及泥沙特征，识别堆积土水土流失影响关键因子。研究内容主要包括：①在相同冲刷强度（500L/h）、相同坡度（25°）下，不同年限堆积弃土（新弃土、老弃土、自然土）的径流、含沙量、产沙率、累积径流量、累积产沙量随时间的变化特征；②在相同坡度（25°）、相同年限堆积弃土（新弃土）、不同冲刷强度（300L/h、500L/h、700L/h）下，径流、含沙量、产沙率、累积径流量、累积产沙量随时间的变化特征；③在相同冲刷强度（500L/h）、相同年限堆积弃土（新弃土）、不同坡度（5°、15°、25°）下，径流、含沙量、产沙率、累积径流量、累积产沙量随时间的变化特征；④在相同冲刷强度（500L/h）、相同年限堆积弃土（新弃土）、不同覆盖度（无覆盖、30%覆盖度、60%覆盖度、90%覆盖度）下，径流、含沙量、产沙率、累积径流量、累积产沙量随时间的变化特征。

1.3.3　堆积土侵蚀泥沙颗粒特征研究

对不同堆积土、不同坡度、不同冲刷强度、不同覆盖度下冲刷前后表土颗粒特性及组成、侵蚀泥沙颗粒特性及组成、侵蚀泥沙颗粒特性及组成随时间动态变化进行研究，分析堆积土侵蚀泥沙颗粒流失特征。

1.3.4　堆积土重金属随径流泥沙流失特征研究

重金属具有很高的生物毒性。多金属矿山，特别是露天开采矿山普遍存在重金属污染问题。本书利用野外原位小区模拟径流冲刷试验，对大宝山矿区堆积土重金属在不同年限堆积土、不同坡度、不同冲刷强度、不同覆盖度下随径流泥沙的流失特征进行研究。

1.3.5　矿区土壤重金属污染及耐性植物筛选

在矿区随机采样，对矿区土壤主要重金属含量进行测试、分析，并作污染状况评价。针对土壤污染状况，选取改良剂，对土壤进行改良，主要研究改良剂对土壤理化性质的影响、对重金属有效态的影响、对植物毒性的影响等，并通过田间栽培试验，初步筛选出适用于矿区重金属污染土壤生态修复的植物种类。

1.3.6　矿区植被恢复模式优选研究

对大宝山矿区不同植被恢复模式下土壤物理性质、土壤化学性质、土壤微生物、土壤酶活性、土壤重金属分布特征、物种多样性进行调查和测定，分析不同治理模式的生态改善效应，在此基础上提出矿山开发水土流失治理及生态修复优化模式。

1.3.7　外排酸性水防控策略研究

金属矿区普遍存在酸性矿山废水外排造成环境污染的问题。以大宝山矿李屋拦泥库为典型案例，构建沟、渠、库、厂（污水处理厂）优化配置规模及联合运用方式和技术体系，以控制矿区外排酸性废水的危害，为类似矿区酸性废水外排治理提供可复制的解决方案。

1.4　技术路线

本书研究技术路线图如图 1.1 所示。

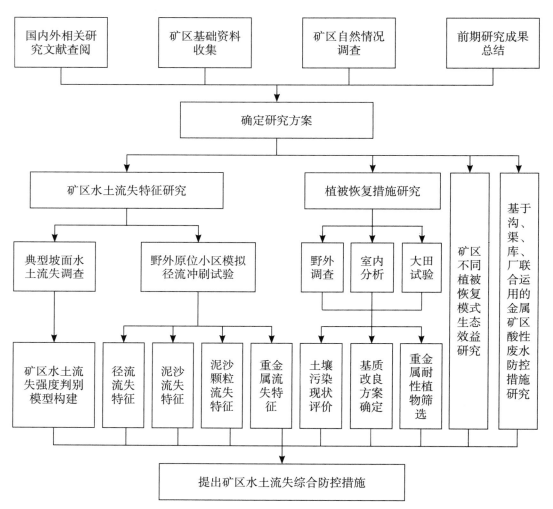

图 1.1　本书研究技术路线图

第2章 研究区概况及研究方法

2.1 研究区概况

2.1.1 矿区历史与开采现状

大宝山矿地处广东省韶关市曲江区、翁源县交界处，矿区采场及工业场地主要布置在凡洞地区，位于东经 113°40′ ~ 113°43′，北纬 24°30′ ~ 24°36′。主矿体为褐铁矿、铜硫矿和铅锌矿，还有钼、钨、铋等多金属共生或伴生矿体，是广东省露天开采的大型多金属矿山，也是我国南方钢铁工业和有色金属工业的重要原料基地。

大宝山矿区是一个自唐宋时期就长期大规模采铜的老矿山，古称岑水铜场，北宋时期产铜量一度逾百万斤，之后逐渐衰落，1465 年被废弃，清末至民国初期又曾有人开采，但规模很小。中华人民共和国成立后，1958 年 5 月开始建设大宝山矿，至 1975 年建成设计年生产能力为 230 万 t 的大型露天铁矿山。大宝山矿铜选厂 1970 年 6 月建成，1980 年 1 月扩建，设计规模为 600t/d。大宝山矿采取露天开采、地下开采两种方式，开采浅部铁铜矿资源，以露天开采为主。

1984 年以后，矿区民采活动一度十分活跃，从四面八方向主矿体方向进行蚕食性开采。矿区周边部分群众和单位，雇用大量民工进入大宝山矿乱挖滥采，民间滥采使大宝山周边山岭被挖得千疮百孔，植被遭到严重破坏，一遇雨天，水土流失严重，污染河道。民采也是造成大宝山地区环境污染的一个重要原因。2000 年左右，地方政府对周边非法采矿的民窿进行了清理整治。

2.1.2 气象水文

大宝山矿区具有亚热带气候特点，全年温暖多雨，年平均气温为 16.8℃，夏季最高为 33.8℃，冬季最低为−4.3℃。1978—1999 年平均降水量为 2083.5mm，年最大降水量为 2470.5mm（1980 年），年最小降水量为 1657.4mm（1986 年）。每小时最大降水量为 53.2mm（1980 年 5 月 8 日），24 小时最大降水量为 210.9mm（1980 年 5 月 8 日），最大连续降水量为 421.6mm（1980 年 5 月连续降雨 10d）。矿区内常年主导风向为北风。

矿区地表水系发育具山间溪流特点：河床狭窄、沟谷深切、坡降大、源近流短、水量变化幅度大。区内多条溪流发源于大宝山和麻斜坳。大宝山东部分为南北两股，南有内排土场下游的凡溪，其流量为 0.015～0.765m³/s；北有北水，流到槽对坑尾矿库折向南，在凡洞村附近与凡溪汇合成凡洞河。矿区南部发源于麻斜坳的几条溪流汇合成李屋拦泥库所在的南水，其流量为 0.006～0.116m³/s，往南流到凉桥与凡洞河汇合，流入翁江。大宝山西侧有船肚河，流经东华拦泥库后向西北流入北江。

2.1.3　地质地貌

大宝山矿区地形属岭南中低山地，海拔为 300.00～1068.09m。山系呈南北走向，北高南低。矿区所处构造单元为乌石–丘坝隆起区，标高为 400.00～800.00m。矿床位于大宝山与方山近乎南北走向的山脊之间的小型向斜盆地中。东面方山山脊标高为 650.00～750.00m，西面大宝山山脊标高为 800.00～1068.09m，主峰海拔标高为 1068.09m，盆地底部标高为 620.00～635.00m。盆地汇水面积约为 5km²。地形有利于地表水和地下水排泄。

矿区出露地层绝大部分为晚古生代沉积岩系，出露面积约占矿区的 70%，早古生代岩系仅在矿区内西北部零星出露，中生代岩系在西南部出露。基底为寒武系砂板岩，其上部整合覆盖了中下泥盆统桂头群砂页岩，厚度大于 2000m。中泥盆统东岗岭组为该区主要含矿层位，上亚组为菱铁矿层，以火山碎屑沉积为主，夹细碎屑岩，厚 60～185m；下亚组为大宝山铜铅锌硫多金属矿主要赋存层位，以碳酸盐岩沉积为主，夹碎屑岩，厚 120～160m。

2.1.4　土壤植被

矿区地带性土壤类型为红壤，随海拔高度的增加逐渐演替为山地黄壤。红壤主要分布在海拔为 400.00～600.00m 的山岭及丘陵地区。黄壤主要分布在海拔为 600.00～1100.00m 的山岭，矿区东北部分布较广。受采矿活动影响的地段，因所含金属硫化物发生氧化而发育为酸性硫酸盐土。

大宝山矿区地带性植被类型为典型常绿阔叶林，随着海拔的升高，逐渐向山地常绿落叶阔叶林演变，落叶树种比例逐渐增加。组成该区植被的上层乔木以樟科、山茶科、壳斗科、金缕梅科、木兰科、漆树科、冬青科、山矾科等为主，灌木层则多为山茶科、紫金牛科、茜草科等，草本植物则以蕨类、沿阶草、莎草等为主。由于受长期采矿等干扰破坏，凡洞采场原生植被已被破坏殆尽，仅局部有自然生长的五节芒等草灌植物及矿区土地复垦种植的人工植被，其余基本裸露。

2.2 研究方法

2.2.1 坡面水土流失调查

矿区土壤侵蚀主要由露天采矿（铜矿和铁矿，以铁矿为主）及排土引起。经多年开采，矿区山体已形成层层叠叠的阶梯状微地貌。在矿区范围内随机选择 40 个坡面，调查坡度、坡高及坡面侵蚀沟密度。坡度、坡高测定方法为：利用 CAD 绘图工具，先在矿区大比例尺电子地形图上测量、计算，然后经实地校核得到具体数据；侵蚀沟密度测定方法为：将长 5m 的测绳沿坡面平行放置，测量平均沟深大于 10cm 的侵蚀沟条数，侵蚀沟密度的单位为"条 /5m"。同时，在 40 个典型坡面中，分坡度等级选择坡下方有排水沟或形状较规则的凹地（可以近似看作或改造为简易径流场）的坡面 11 个作为特征坡面，于 2006 年逐月调查每个特征坡面下方沟道或凹地淤积量，暴雨后加测，以此推算侵蚀模数。具体方法是将某时段的淤积量除以时间和坡面面积之积，得到具体数据后再把单位换算为"t/（km^2·a）"。

2.2.2 野外原位小区模拟径流冲刷试验

本书采用自制野外便携式土壤冲刷仪，对铁矿露天开采排弃的堆积土进行模拟径流冲刷试验。该土壤冲刷仪由电源、供水系统、溢流箱 3 部分组成。电源采用两个 12V 的 HT 牌全封闭免维护蓄电池，供水系统由无刷直流水泵、电位器、输水管、流量计组成。无刷直流水泵的工作电压为 24V，最大流量（零扬程）为 1600L/h。流量计采用 LZM 系列面板式流量计，输水管采用 PVC 软管，通过调节外接电位器控制供水流量。溢流箱用不锈钢制作，为一个长 50cm、宽 40cm、深 20cm 的长方体，其中长与径流小区宽度相等，在溢流箱上部固定一个气泡水平仪，一是用来控制溢流箱水平放置，二是对供水水管出流消能，通过溢流箱的缓冲，保证水流均匀地、以薄层水流的形式进入径流小区。试验时，在溢流箱出水侧平铺透水纱布，防止土壤由于水流的集中冲击而过度侵蚀，以减小试验误差。自制野外便携式土壤冲刷仪的主要优点有：①整个实验装置结构简单，功能明确，在野外便于携带、操作方便，采用直流供电，不受交流电的限制，通过调节电位器能获得准确、稳定的冲刷流量，气泡水平仪则能确保溢流箱出流均匀；②在现场实地放水冲刷，土壤不受扰动，并且地形、汇流条件等都保持自然界原来状况，土壤受力情况也与实际情况一致，代表性强，数据准确；③可排除因采集原状土样困难而导致的限制，能在多种情况下进行试验，模拟整个侵蚀过程。

试验小区长 2.0m、宽 0.5m，小区四周用 1mm 厚钢板插入地下 0.25m，地上出露 0.1m。在小区下方设置集流槽，集流槽用不锈钢制作。试验前采集土样。试验过程中，记录产流时间、退水时间，出流后在集流槽出水口用径流桶每隔 2min 取一次径流泥沙样（全部收集），用量杯取浑水样，带回室内用过滤烘干法测量径流量和含沙量，以此推算冲刷过程中某时段的径流量、泥沙量。将径流桶收集的径流泥沙样静置，待水样澄清后小心倒去上部清水，将沉淀泥沙样晾干后运回实验室待用。

试验中，冲刷流量分别为 300L/h、500L/h、700L/h，坡度选用 5°、15°、25° 三个坡度级，冲刷土壤分为老弃土、新弃土、自然土。为研究覆盖对径流冲刷的影响，将采集的新鲜五节芒叶截成 0.5cm 长一段，垂直于水流方向并平铺在冲刷坡面上，覆盖度分别为 30%、60%、90%，以无覆盖为对照。冲刷时间为 20min。

2.2.3 土壤重金属污染评价

采用单因子污染指数法和内梅罗综合污染指数法对矿区土壤污染进行评价[140-143]。

（1）单因子污染指数法。计算公式［式（2-1）］为

$$p_i = \frac{c_i}{s_i} \tag{2-1}$$

式中　p_i——样品中污染物 i 的单因子污染指数；

　　　c_i——样品中污染物 i 的实测值；

　　　s_i——污染物 i 的评价标准。

本书参考《土壤环境质量标准》（GB 15618—1995）。当 p_i 不大于 1 时，表示样品未受污染；当 p_i 大于 1 时，表示样品已被污染，p_i 的值越大，说明样品受污染越严重。

（2）内梅罗综合污染指数法。计算公式［式（2-2）］为

$$P_{综} = \sqrt{\frac{P_{imax}^2 + P_{iave}^2}{2}} \tag{2-2}$$

式中　$P_{综}$——内梅罗综合污染指数；

　　　P_{imax}——采样点样品单因子污染指数的最大值；

　　　P_{iave}——采样点样品单因子污染指数的平均值。

内梅罗综合污染指数可以用来评价每一个测试点的样品的重金属综合污染水平。土壤污染评价分级标准见表 2.1。

表 2.1　土壤污染评价分级标准

等级划分	范围	污染等级	污染水平
1	$P_{综} \leq 0.7$	安全	清洁
2	$0.7 < P_{综} \leq 1$	警戒级	尚清洁
3	$1 < P_{综} \leq 2$	轻污染	土壤轻污染，作物开始受到污染
4	$2 < P_{综} \leq 3$	中污染	土壤、作物均受中度污染
5	$P_{综} > 3$	重污染	土壤、作物均受污染并已相当严重

2.2.4　基质改良室内试验

根据大宝山矿水土保持方案，铁矿排土场土壤将规划用作矿区后期植被恢复覆土。该试验以铁矿排土场土壤为研究对象，以粪肥和熟石灰为改良剂进行配比。

熟石灰为优级纯 $Ca(OH)_2$，粪肥选用养殖场购买的经无害化处理的猪粪，烘干后过 2mm 尼龙筛，供试猪粪的有机质含量为 376.5g/kg，pH 值为 7.74。设置 3 个梯度水平，粪肥含量分别为 2.00%、3.00%、4.00%，熟石灰含量分别为 0.50%、1.00%、1.50%，共设置 10 个处理，每个处理重复 3 次。基质改良处理方案见表 2.2。

表 2.2　基质改良处理方案

方案	熟石灰含量 /%	粪肥含量 /%
1	0	0
2	0.50	2.00
3	0.50	3.00
4	0.50	4.00
5	1.00	2.00
6	1.00	3.00
7	1.00	4.00
8	1.50	2.00
9	1.50	3.00
10	1.50	4.00

将采集回来的堆积土样过 2mm 尼龙筛后称取 1kg 置于小型塑料花盆中，按照配比方案准确加入改良剂，在 20℃恒温培养箱中培养，定期测量土壤质量和含水量，并适时补充去离子水，使含水量保持在田间持水量的 60%。60d 后进行相关指标的测定。

为了考察各处理方案对植物的生态毒性效应，进行小麦根伸长试验[144-145]。各方案处理后的土壤样品经风干后混匀，再过 2mm 尼龙筛，称取 40g 土壤样品加入去离子水 80mL，以 220r/min 振摇 4h，离心过滤并置于 4℃冰箱备用。把培养皿、滤纸放在恒温箱内加温至 100℃并维持 2h 灭菌，自然冷却后备用。托盘、镊子均用 70%（体积）酒精擦拭，待气味散尽后使用。在培养皿（直径 9cm）底部铺 3 层快速定性滤纸，用 10mL 土壤浸取液润湿，铺平，排出气泡，均匀放入 20 粒发育健康的小麦种子，在室温下置于暗处待种子萌发，浸种 4d 后观测种子发芽速率（萌发数占总数的百分比），第 8 天观测种子发芽率（种子萌发数占总数的百分比），测量作物的芽长及根系生长情况。期间及时补充浸提液，以保证滤纸湿润。每种处理方案均做 3 次平行试验，以蒸馏水、无污染土为对照（CK）。统计污染土壤浸提液的芽长抑制率和发芽指数。芽长抑制率 $=1-\dfrac{\text{处理种子芽长}}{\text{对照种子芽长}}$；发芽指数 $=$ 发芽率 $\times$（$1-$ 芽长抑制率）。

2.2.5　植被恢复大田试验

试验地位于铜选厂附近的 2 号弃渣堆东南坡脚，面积约 800m²。2011 年 3 月底整地，基质为铁矿露天开采剥离弃土，基质处理采用基质改良试验推荐方案，改良剂按配比以人工均匀撒布于试验区域，用挖掘机结合人工耕翻、混匀。试验地四周做好必要的拦挡，设置必要的排水设施。以未改良的堆积弃土为对照。

根据重金属耐性植物筛选结果，选择泡桐、马尾松、夹竹桃、象草、五节芒、山毛豆、猪屎豆、狗牙根、糖蜜草 9 种植物种作为大田试验供试种。泡桐于 2012 年 2 月底种植，其他供试种于 2011 年 5 月初种植。

泡桐、马尾松、夹竹桃、象草选择生长均匀一致的 1a 生苗木作为实验材料，五节芒在矿区周边采集，每种植物种植 50 株，泡桐、马尾松株行距为 3m×2m，夹竹桃、象草、五节芒株行距为 1m×1m，栽种 30d 后进行第一次调查，主要调查植株成活情况，观察植株叶片有无中毒烧死情况，并统计成活率。

山毛豆、猪屎豆、狗牙根、糖蜜草采用人工播种，穴状种植，穴距为 0.2m×0.2m。每穴点播 20 粒，然后用锄头轻微地搅动，使种子包埋于基质中，以便种子能充分吸水，并保持在湿润的环境中。20d 后对植株发芽率进行调查。

120d 后测定草本的保存率及生长状况，180d 后测定所有草本的保存率及生长状况。因时间限制，泡桐调查了 50d 后的保存率和生长状况。

2.2.6　植被调查

大宝山矿区曾多次进行造林植树工作，选择在 2010 年造林的 4 种典型人工植被进行植被调查。4 种人工植被分别为混交林（马尾松＋夹竹桃＋象草，并在种植时间播山毛豆、猪屎豆）、马尾松＋五节芒林、象草＋夹竹桃林和桉树林。植被调查样方大小用植物群落最小面积法确定。综合考虑生物多样性等调查指标的要求，选择具有代表性的植物群落调查其植物多样性、群落的优势种和建群种，分别统计标准样地内乔、灌、草、藤各层植物种类及个体数。调查时对乔木层树种每株进行检测，记录树种、胸径、株高及株数；对灌木、更新幼苗按种类清点株数，同时记录高度和盖度；记录各草本物种的株数、盖度和平均高。

物种多样性指数反映群落结构和功能复杂性以及组织化水平，能比较系统和清晰地表现各群落的一些生态学习性，以物种丰富度指数（S）、反映群落多样性高低的 Shannon-Weiner 指数（H）、度量群落优势度的 Simpson 指数（D）和反映群落中不同物种多度分布均匀程度的 Pielou 均匀度指数（J_{sw}）作为样地物种多样性的测度指标。不同植物类型物种多样性采用如下测度公式。

（1）物种丰富度指数（S）。S ＝出现在样地中的物种数。

（2）Shannon–Wiener 指数（H）。计算公式［式（2-3）］为

$$H = -\sum_{i=1}^{S} P_i L_n P_i \qquad (2-3)$$

式中　L_n——以常数 e 为底的对数；

P_i——属于种 i 的个体在全部个体中的比例，$P_i = \dfrac{N_i}{N}$；

（3）Simpson 指数（D）。计算公式［式（2-4）］为

$$D = 1 - \sum_{i=1}^{S} P_i^{\,2} \qquad (2-4)$$

（4）Pielou 均匀度指数（J_{sw}）计算公式［式（2-5）］为

$$J_{sw} = \frac{H}{L_n P_i} \qquad (2-5)$$

2.2.7　样品采集及分析

（1）土壤样品采集、处理。根据凡洞采矿区工程布置及矿区开采后形成的地形、地貌等现状，凡洞采矿区可分为弃渣堆、排土场、开采平台、选矿工业场地、生活区等。在各区域有代表性的地段随机采样，每点均在 5m² 范围内并以“S”形采集 0～20cm 表层土壤组成混合代表样，混合均匀后按四分法获取足够样品装袋带回实验室。考虑到排土场土壤规划用作矿区后期植被恢复覆土，故对排土场进行重点取样。土壤样品经室内风干，除去土壤中的石块、植物根系和凋落物等后装袋。

（2）植物样品采集。2010 年 10 月，根据地形和污染状况等，在凡洞采场有代表性的地段随机设置样方进行植被调查，样方面积为 5m×5m。记录样方内生长旺盛、数量较多的优势植物种类、株数，采集样方内的优势植物根、茎、叶，以及植物根际土壤。每个样方内，同种植物采集多个不同单株，每个单株又分别在不同部位均匀地采集一定数量的根系、叶片或茎（木本采集根、茎、叶，草本采集地上和地下根系部分），然后将同种植物样品混合在一起，用来代表 1 个样方内同一种植物的植物样。将采集的木本植物样品按根、茎、叶分开，草本按地上部和地下部分开，用自来水冲洗去除黏附于植物样品上的泥土和污物，再用去离子水洗净，沥水烘干，在 105℃下杀青 30min，于 70℃下烘干至恒重。

（3）土壤理化性质分析。参照《土壤农业化学分析法》对土壤理化性质进行测试[146]，其中土壤容重和孔隙度采用环刀法，土壤全磷采用钼锑钪比色法，土壤全钾采用火焰光度法，土壤全氮采用凯氏定氮法，土壤速效磷采用双酸浸提–钼锑钪比色法，土壤速效钾采用 NH4OAc 浸提–火焰光度法，土壤碱解氮采用碱解扩散法。土壤 pH 值用德国 Sartorius 公司生产的 PB-10 标准型 pH 计测定（土∶水 =1∶2.5）。土壤有机质用重铬酸钾法测试。土壤颗粒组成用英国 Malvern 公司生产的 Mastersizer 2000 型激光粒度仪进行测试。

（4）重金属含量测定。测定之前先制备土壤和植物样品待测液。首先是土壤样品，采用 HF–HClO₄–HNO₃ 消解（过 100 目尼龙筛）、定容，制备待测液；其次是植物样品，将其磨碎并过 60 目尼龙筛，称取 0.5g 植物样品，放在聚四氟乙烯坩锅中，加入 4mL 的 HNO₃ 和 lmL 的 HClO₄ 于电热板上消煮，加热至植物样品完全分解，制备待测液；最后是制备植物和土壤消化液，用美国 PE 公司生产的 ICP–4300DV 型电感耦合等离子光谱发生仪测定其重金属含量。

（5）重金属有效态测定。重金属有效态测定采用 BCR 三步提取法[147-148]。

第一步（可交换态及碳酸盐结合态）：称取烘干后的样品 0.8g 置于 100mL 聚丙烯离心管中，加入 0.1mol/L 的醋酸 32mL，室温下（25℃）振荡 16h，振荡过程中确保样品处于悬浮状态；然后离心 20min（10000r/min），把上清液移入 100mL 聚乙烯瓶中，往残渣中加入 16mL 二次去离子水，振荡 15min；再离心 20min（10000r/min），把上清液移入上述聚乙烯瓶中，储存于冰箱内（4℃）以备分析。

第二步（铁锰氧化物结合态）：向第一步中生成的残渣里加入 32mL 当天配制的 0.lmol/L 的盐酸羟胺（HNO₃ 酸化，pH 值为 2），用手振荡试管使残渣全部分散，再按第一步的方法振荡、离心、移液、洗涤。

第三步（有机物及硫化物结合态）：向第二步中生成的残渣里缓慢加入 8.8mol/L 的双氧水 8mL（HNO3 酸化，pH 值为 2），用盖子盖住离心管（防止样品剧烈反应而溢出），室温下放置 1h（间隔 15min 用手振荡）；除去盖子，放到砂浴锅中（85℃）温浴 1h，待溶液蒸至近干，凉置，再加入 8.8mol/L 的双氧水 8mL（HNO3 酸化，pH 值为 2）。重复上述操作，然后加入 1mol/L 的醋酸铵 40mL（HNO3 酸化，pH 值为 2），按第二步的方法振荡、离心、移液、洗涤。残渣态元素含量以总量减去以上 3 种可提取态总和的差值计算得出。

第 3 章 土壤侵蚀强度判别模型研究

土壤侵蚀强度判别是土壤侵蚀现状调查的重要成果，也是水土保持措施布设和开展水土流失监测的关键依据。通过设立标准径流小区，根据长期观测的结果，得到年均土壤侵蚀模数，再按照《土壤侵蚀分类分级标准》（SL 190—96）确定土壤侵蚀强度的级别[149]，即可作出准确的土壤侵蚀强度判别。

大宝山矿是一座大型多金属矿山，大范围的露天开采和不规范的民采，对地表造成了强烈的扰动和破坏，致使矿区山体破碎，植被毁坏殆尽，土壤侵蚀和生态环境问题突出，已成为社会各界关注的焦点问题之一[150]，矿区土壤侵蚀和生态环境整治已迫在眉睫。

大宝山矿区范围超过 660hm²，矿山开采后条件变得复杂，加上现场条件限制，难以布设径流小区开展土壤侵蚀原型观测。如何在有限的时间内较准确地进行土壤侵蚀强度判别，摸清矿区土壤侵蚀现状，是矿区生态恢复的首要任务。

3.1 土壤侵蚀特点及判别指标分析

矿区土壤侵蚀主要由露天采矿及排弃的废渣土引起。铁矿露天开采设计台阶高度为 12m，开采终了时坡角为 55°～60°，露天边坡角为 35°～44°，形成了台阶状的微地貌。矿区排土（含石渣等，下同）也是采用阶梯式，排土场标高随采场工作面的下降而向下斜移，经多年开采，矿区山体已形成层层叠叠的阶梯状微地貌。这种类似于等高耕作的阶梯状开采及排土方式，一定程度上有利于保持水土。但从调查情况看，由于露天开采及排土区植被被全部破坏，坡面完全裸露，一遇降雨，冲刷便十分严重，坡面侵蚀沟密布。矿区 40 个典型坡面（包括 11 个特征坡面）侵蚀的基本情况见表 3.1。

表 3.1　矿区 40 个典型坡面（包括 11 个特征坡面）侵蚀的基本情况

坡面序号	坡度 /（°）	坡高 /m	侵蚀沟密度 /（条 /5m）	侵蚀模数 /［t/（km² · a）］
坡 1*	4	6	2	1100
坡 2*	35	12	6	12000
坡 3*	28	20	5	17000
坡 4*	8	9	4	2300
坡 5*	44	12	12	28000
坡 6*	47	12	18	47000
坡 7*	35	30	16	36000
坡 8*	45	24	24	42000
坡 9*	55	12	22	52000
坡 10*	48	20	28	66000
坡 11*	32	12	6	15000
坡 12	60	17	28	
坡 13	44	12	7	
坡 14	50	17	11	
坡 15	35	12	2	
坡 16	46	20	14	
坡 17	56	13	20	
坡 18	30	10	7	
坡 19	57	12	26	
坡 20	4	8	3	
坡 21	55	13	27	
坡 22	32	22	9	
坡 23	37	26	17	
坡 24	29	10	8	
坡 25	40	40	27	
坡 26	38	14	10	
坡 27	50	12	26	
坡 28	6	4	1	
坡 29	55	12	18	
坡 30	35	12	13	
坡 31	34	14	7	

续表

坡面序号	坡度 /（°）	坡高 /m	侵蚀沟密度 /（条 /5m）	侵蚀模数 /［t/（km² · a）］
坡 32	40	30	23	
坡 33	30	8	9	
坡 34	5	6	1	
坡 35	35	26	24	
坡 36	30	15	10	
坡 37	30	9	5	
坡 38	40	26	22	
坡 39	5	11	4	
坡 40	62	13	20	

注　*表示经调查的特征坡面。

　　从表 3.1 可以看出，不同坡面的坡度、坡高、侵蚀沟密度、侵蚀模数有较大差异，其中土壤侵蚀模数的变化最为明显，例如坡 10 的侵蚀模数是坡 1 的 60 倍。为探求各调查指标间的关系，本书对指标进行了相关分析，结果见表 3.2。从表 3.2 可以看出，坡度与侵蚀沟密度、侵蚀模数呈极显著的正相关，说明坡度显著地影响矿区坡面的土壤侵蚀强度，在一定范围内坡度越陡，侵蚀沟密度和侵蚀模数就越大。坡高对侵蚀沟密度、侵蚀模数有一定的影响但不显著，主要因为坡面特别是露天开采区坡面坡高变化不大，加上观测样本数有限，相关性没有显示出来。事实上，在一定的坡度范围内，同一坡面坡度越高坡就越长，土壤侵蚀也就越强烈。此外，在引起矿区露天采场和排土场不同坡面土壤侵蚀的自然因素中，除了坡度、坡高不同外，其他因素如降雨、土壤、下垫面条件基本相同，因此可以认为坡度、坡高是引起矿区坡面土壤侵蚀和造成不同坡面土壤侵蚀强度有差异的主要因素。

　　从表 3.2 还可以看出，侵蚀沟密度与侵蚀模数有着极显著的正相关，这表明在大宝山矿区，虽然不同坡面侵蚀沟的沟长、沟深不同，但侵蚀沟密度可以反映不同坡面土壤侵蚀模数的大小。

表 3.2　各调查指标间的关系（n=11）

调查指标	坡度 /（°）	坡高 /m	侵蚀沟密度 /（条 /5m）	侵蚀模数 /［t/（km² · a）］
坡度 /（°）	1.0000			
坡高 /m	0.3840	1.0000		
侵蚀沟密度 /（条 /5m）	0.8105**	0.5129	1.0000	
侵蚀模数 /［t/（km² · a）］	0.8841**	0.4815	0.9635**	1.0000

注　** 表示 $p < 0.01$ 显著水平。

　　综合以上分析可知，大宝山矿区土壤侵蚀主要发生在经强烈扰动后形成的裸露坡面，坡度、坡高、侵蚀沟密度可以用来表征不同坡面的土壤侵蚀特征及其差异。

3.2 侵蚀强度判别模型的构建及应用

以坡度、坡高、侵蚀沟密度为聚类变量，采用系统聚类法（Hierarchical Clustering Method），利用 SAS 软件的 Cluster 过程对 40 个典型坡面进行聚类分析[151-152]。40 个典型坡面的聚类图如图 3.1 所示。

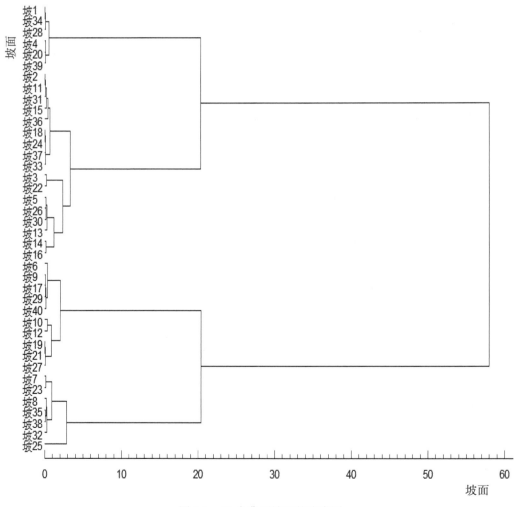

图 3.1　40 个典型坡面的聚类图

当阈值取 3 时，可将 40 个坡面分为 5 类。结合特征坡面侵蚀模数调查值和《土壤侵蚀分类分级标准》（SL 190—96），确定土壤侵蚀强度级别为轻度、极强度、剧烈（一）、剧烈（二）、剧烈（三），并进一步确定各强度级别的侵蚀模数范围。如聚类类别的第

1 类中有 6 个坡面，坡 1 的侵蚀模数为 1100t/（km²·a），坡 4 的侵蚀模数为 2300t/（km²·a），都为轻度，故将第 1 类的侵蚀强度级别确定为轻度，侵蚀模数范围为 1100～2300t/（km²·a），如此类推，结果见表 3.3。

需要指出的是，在《土壤侵蚀分类分级标准》（SL 190—96）中，侵蚀模数大于 15000t/（km²·a）的统一划分为剧烈，这很难显示出矿区侵蚀的特征。由于矿区地表扰动大，很多区域侵蚀模数都远远大于 15000t/（km²·a）且变化幅度较大（表 3.1），因此本书将剧烈侵蚀进一步划分为剧烈（一）、剧烈（二）、剧烈（三），以提高侵蚀强度判别的精度。

表 3.3　40 个典型坡面的聚类结果

聚类类别	坡面序号	坡度/（°）	个数	侵蚀级别	侵蚀模数/[t/（km²·a）]
第 1 类	坡 1、坡 4、坡 20、坡 28、坡 34、坡 39	4～8	6	轻度	1100～2300
第 2 类	坡 2、坡 11、坡 15、坡 18、坡 24、坡 31、坡 33、坡 36、坡 37	29～35	9	极强度	12000～15000
第 3 类	坡 3、坡 5、坡 13、坡 14、坡 16、坡 22、坡 26、坡 30	28～50	8	剧烈（一）	17000～28000
第 4 类	坡 7、坡 8、坡 23、坡 25、坡 32、坡 35、坡 38	35～45	7	剧烈（二）	36000～42000
第 5 类	坡 6、坡 9、坡 10、坡 12、坡 17、坡 19、坡 21、坡 27、坡 29、坡 40	47～62	10	剧烈（三）	47000～66000

设坡度为 x_1，坡高为 x_2，侵蚀沟密度为 x_3，根据表 3.3 的聚类结果，利用 SAS 软件的 Discrim 过程进行判别分析，构建判别模型，结果见表 3.4 和表 3.5。模型平均误判概率为 0.07，说明模型具有较高的可信度。

表 3.4　大宝山矿区土壤侵蚀强度判别模型

聚类类别	侵蚀级别	判别模型	判别方法
第 1 类	轻度	$F_1(x_1, x_2, x_3) = -2.8703 + 0.3913x_1 + 0.4876x_2 + 0.0312x_3$	
第 2 类	极强度	$F_2(x_1, x_2, x_3) = -30.9398 + 1.4849x_1 + 1.5031x_2 - 0.3264x_3$	$x \in T$
第 3 类	剧烈（一）	$F_3(x_1, x_2, x_3) = -51.5887 - 1.8718x_1 + 1.9510x_2 - 0.2423x_3$	$T = \max[F_i(x)]$
第 4 类	剧烈（二）	$F_4(x_1, x_2, x_3) = -81.4295 + 1.9293x_1 + 2.3843x_2 + 0.8732x_3$	$i = 1, 2, 3, 4, 5$
第 5 类	剧烈（三）	$F_5(x_1, x_2, x_3) = -77.7725 + 1.9837x_1 + 2.2306x_2 + 0.7622x_3$	

表 3.5 大宝山矿区土壤侵蚀强度判别模型和误判概率

聚类类别	判别类型					误判概率	平均误判概率
	第 1 类	第 2 类	第 3 类	第 4 类	第 5 类		
第 1 类	6	0	0	0	0	0	0.07
第 2 类	0	9	0	0	0	0	
第 3 类	0	2	6	0	0	0.25	
第 4 类	0	7	0	0	0	0	
第 5 类	0	0	0	1	9	0.10	

利用矿区大比例尺电子地形图，用 CAD 绘图工具测得坡高（x_2）、坡长，再计算出坡度（x_1），接着实地测量不同坡面侵蚀沟密度（x_3），将其代入表 3.4 中的判别模型，得到 F_1、F_2、F_3、F_4、F_5 的值。根据 F_1、F_2、F_3、F_4、F_5 中最大值所对应的类别及其土壤侵蚀级别，即可以确定各坡面侵蚀模数值的范围。假定最大值为 F_3，则该坡面判为第 3 类，其侵蚀级别为剧烈（一），侵蚀模数为 17000 ～ 28000t/（$km^2 \cdot a$）。

采用以上模型，结合实地调查校核，对大宝山矿区土壤侵蚀强度进行分析，得出大宝山矿区现有水土流失面积为 324.48hm²，占矿区总面积的 48.8%，其中轻度侵蚀面积 8.68hm²，极强度侵蚀面积 38.06hm²，剧烈（一）侵蚀面积 103.23hm²，剧烈（二）侵蚀面积 90.67hm²，剧烈（三）侵蚀面积 83.84hm²，分别占矿区总面积的 1.3%、5.7%、15.5%、13.7%、12.6%。

3.3 本章小结

（1）阶梯状再塑地貌是大宝山矿区的一个显著特征，矿区土壤侵蚀主要发生在矿产开采及排土形成的裸露坡面。坡长、坡高、侵蚀沟密度可以用来表征矿区不同坡面的土壤侵蚀特性及其差异。经聚类分析、判别分析，构建了矿区土壤侵蚀强度判别模型。经判别，大宝山矿区现有水土流失面积为 324.48hm²，占矿区总面积的 48.8%，土壤侵蚀严重，由此引发了一系列环境问题，必须尽快进行整治。

（2）经相关分析可知，土壤侵蚀模数与坡度、侵蚀沟密度呈极显著相关。考虑到观测的样本数太少（$n = 11$），因此本书没有直接建立线性回归模型，而是在尽量增加观测样本个数（$n = 40$）的基础上，采用多元统计方法建立判别模型，将侵蚀模数确定在一定范围内。模型仅有坡度、坡高、侵蚀沟密度 3 个变量，简单明了，且借助 CAD 绘图工具，可以利用现有电子地形图很方便地得到坡度、坡高数据，在野外只需加测侵蚀沟密度，这无疑大大减少了工作量，提高了工作效率。尽管采用此方法得到的侵蚀模数只是一个范围值，需要借助内插值法才能得到确定值，但就了解矿区水土流失现状、布置水土保持措施来讲，已能完全满足要求。

第4章 矿区堆积土径流及泥沙流失特征研究

经过多年的开采、生产，大宝山矿区在采冶过程中（主要是铁矿露天开采）剥离、排放了大量的弃土弃渣。据 2006 年不完全统计，在大宝山矿区有近 3000 万 m³ 弃土弃渣，主要堆放在内排土场、李屋拦泥库及其上游排土场、矿区施工地内，巨量的弃土弃渣为水土流失的剧烈发生提供了物质基础。因此，对矿区堆积土水土流失特征进行研究，识别堆积土水土流失影响关键因子，进而有针对性地采取措施治理，对矿区水土流失及环境整治具有重要意义。

4.1 堆积时间对矿区堆积土径流及泥沙流失特征的影响

4.1.1 矿区堆积土径流量随时间的变化

堆置在露天环境中的堆积土，在降雨、径流等侵蚀力的作用下，土壤理化性质、微地貌形态等均有所变化。本书根据排放年限，将排放、堆积时间在 2a 以下的定义为新弃土，超过 2a 的定义为老弃土，以未扰动的荒草坡地为对照（自然土）。在相同冲刷流量、相同坡度下，新弃土、老弃土、自然土径流量随时间的变化过程如图 4.1 所示。

由图 4.1 可知，随着冲刷时间的延长，新弃土、老弃土、自然土单位时间产生的径流量均呈上升趋势。新弃土在冲刷的前 12min 里，单位时间径流量变化幅度为 6.04 ~ 6.64L/min，12min 后径流量缓慢、平顺增加。老弃土径流量在前 8min 内随时间明显增加，而后增幅放缓。自然土在整个冲刷过程中，径流量相对稳定，随冲刷时间的延长平稳上升。新弃土平均径流量最大，其次是老弃土，自然土最小，单位时间的径流量分别为 6.52L/min、5.75L/min、0.69L/min。方差分析表明，新弃土、老弃土和自然土不同时刻径流量有显著差异，主要原因在于，自然土土地类型为荒草地，土壤有机质含量高，团粒结构丰富，孔隙发育，加上草本根系的作用，渗透性较大，相应产生的地表径流较少；老弃土、自然土属扰动土壤，土壤结构遭到破坏，质地黏重，理化性状退化，通透性差，导致渗透性小，产生的地表径流相应也多。新弃土单位时间径流量普遍高于老弃土，可能的原因是老弃土经过多年降雨、径流的冲刷、剥蚀，表层土出现较明显的粗化现象，大孔隙增多，渗透性较新弃土略好，产生的地表径流量相应也比新弃土小。

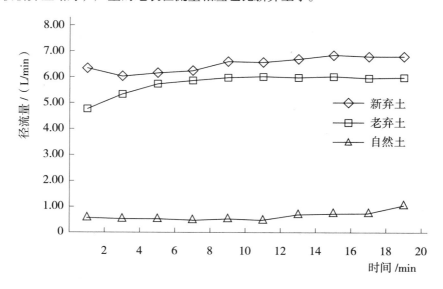

图 4.1　新弃土、老弃土、自然土径流量随时间的变化过程

4.1.2　矿区堆积土累积径流量随时间的变化

新弃土、老弃土、自然土累积径流量随时间的变化过程如图 4.2 所示。

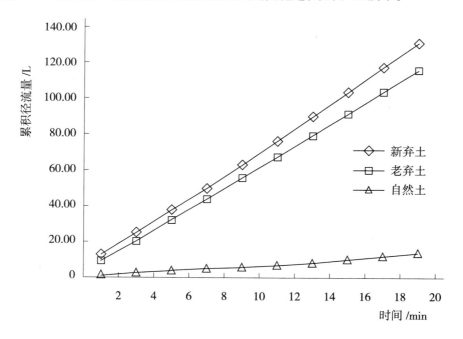

图 4.2　新弃土、老弃土、自然土累积径流量随时间的变化过程

由图 4.2 可以看出，相同时段新弃土、老弃土累积径流量要远远高于自然土。新弃土、老弃土和自然土的累积程流量分别为 130.37L、114.91L、13.86L，新弃土累积程流量分别是老弃土、自然土的 1.13 倍、9.41 倍，老弃土累积程流量是自然土的 8.29 倍。从累积径流量增加率，即图中近似直线的斜率来看，新弃土、老弃土的斜率接近 1，自然土近乎水平，表明新弃土、老弃土累积径流量随时间变化较自然土要大得多。

4.1.3　矿区堆积土产流时间和退水时间的变化

新弃土、老弃土、自然土产流时间和退水时间的变化如图 4.3 所示。新弃土、老弃土、自然土产流时间分别为 6.7s、21.9s、149s，自然土的产流时间要远远大于老弃土和新弃土。这主要是因为自然土结构疏松多孔，理化性质较优，渗透性大，产流速度相对较慢，较长的产流时间对于延长径流洪水出现时间、减少径流侵蚀十分有利。三者的退水时间从大到小依次为新弃土、老弃土、自然土，自然土的退水时间最短，新弃土最长，这可能与新弃土在停止供水时刻有较大的径流量及其渗透性较差有关。

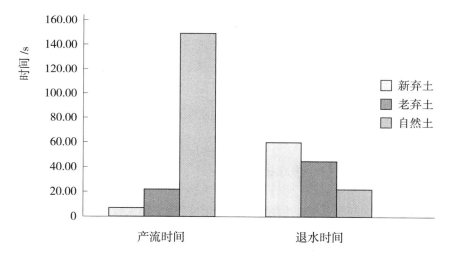

图 4.3　新弃土、老弃土、自然土产流时间和退水时间的变化

4.1.4　矿区堆积土径流含沙量随时间的变化

新弃土、老弃土、自然土径流含沙量随时间的变化过程如图 4.4 所示。

由图 4.4 可知，从总的趋势来看，新弃土、老弃土的径流含沙量随冲刷时间的延长逐渐下降，变化幅度较大，分别由初始时的 461.08g/L、233.64g/L 降低至 20min 时的 13.57g/L、9.07g/L，而自然土的变化幅度较小，波动于 1.77 ～ 42.31g/L。新弃土径流含沙量在前 10min 内基本呈直线急剧下降，10min 后增加，14min 后又明显下降。随着时间的延续，老弃土径流含沙量随时间的变化一直在下降，这可能与老弃土经过降雨、径流多年作用后，对径流侵蚀力的响应渐趋稳定有关。对新弃土、老弃土、自然土相同时刻径流含沙量进行比较，发现新弃土径流含沙量在所有时刻都要高于老弃土和自然土，在冲刷的前 6min 和后 4min 里，老弃土径流含沙量要高于自然土，在其他时段则相反。新弃土、老弃土、自然土平均径流含沙量分别为 156.79g/L、51.68g/L、23.99g/L，新弃土平均径流含沙量最高，老弃土次之，最低的为自然土。

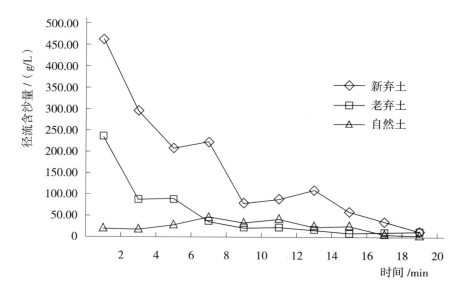

图 4.4　新弃土、老弃土、自然土径流含沙量随时间的变化过程

4.1.5　矿区堆积土产沙率随时间的变化

新弃土、老弃土、自然土产沙率随时间的变化过程如图 4.5 所示。从总体看，新弃土、老弃土产沙率随着时间的变化而减小。在冲刷的前 10min 内，新弃土产沙率下降幅度较大，随后产沙率增加，到 14min 时产沙率达到局部峰值，14min 后又开始下降。老弃土产沙率变化过程与新弃土基本相同，在前 10min 内产沙率明显减小，10min 后产沙率变化趋于平稳，缓慢变小。自然土产沙率在小范围内波动，整个冲刷时段内产沙率都较小，变化趋势不明显。对新弃土、老弃土、自然土相同时刻的产沙率进行比较，可以看出：①在整个冲刷时段内，新弃土产沙率都要高于老弃土、自然土相同时刻的产沙率；②在前 14min 内，老弃土产沙率都要高于自然土相同时刻的产沙率，14min 后老弃土与自然土产沙率交替变化，相差不大；③无论是新弃土、老弃土还是自然土，随着冲刷的进行，产沙率在后期逐步接近，在 20min 时基本一致；④在产沙初期，新弃土、老弃土均有很高的产沙率，新弃土、老弃土 2min 时产沙率分别为 2.94kg/min、1.11kg/min，分别是其平均产沙率的 2.97 倍和 4.11 倍。

从平均产沙率来看，新弃土、老弃土、自然土分别为 0.99kg/min、0.27kg/min、0.03 kg/min，比例为 33：9：1，新弃土、老弃土平均产沙率要比自然土高出许多。

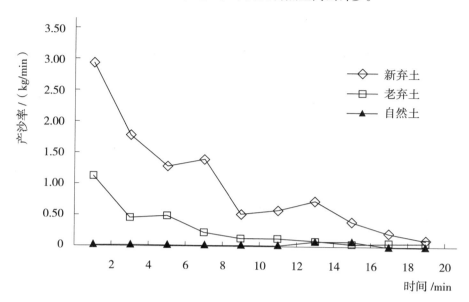

图 4.5 新弃土、老弃土、自然土产沙率随时间的变化过程

4.1.6 矿区堆积土累积产沙量随时间的变化

新弃土、老弃土、自然土累积产沙量随时间的变化过程如图 4.6 所示。从图中可以看出，相比较而言，累积产沙量随时间变化幅度最大的是新弃土，其次是老弃土，最小的是自然土。在整个冲刷时段内，新弃土、老弃土、自然土相同时刻累积产沙量从大到小依次为新弃土、老弃土、自然土，新弃土、老弃土在相同时刻的累积产沙量要显著高于自然土。在冲刷的 20min 时间里，新弃土、老弃土、自然土累积产沙量分别为 19.91kg、5.44kg、0.55kg，比例为 36.2：9.9：1，表明土壤遭扰动破坏后，抗冲抗蚀力减弱，土壤侵蚀量较未扰动土要大得多。新弃土由于堆置时间较短，结构松散，在径流冲刷下更容易发生侵蚀，其累积产沙量更高，因此对于新弃土，更应及时跟进拦挡、植物防护等措施，以防止水土流失。

4.2 坡度对矿区堆积土径流及泥沙流失特征的影响

4.2.1 不同坡度下径流量随时间的变化

相同流量、相同堆积土类型时，不同坡度下径流量随时间的变化过程如图 4.7 所示。总体来看，5°、15°、25° 坡度下，单位时间径流量均随时间变化呈增加趋势。25° 时，径流量在冲刷的前 12min 里，单位时间径流量有小幅波动，12min 后径流缓慢增加，至 16min

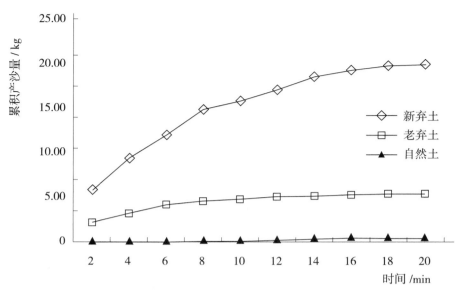

图 4.6　新弃土、老弃土、自然土累积产沙量随时间的变化过程

时基本稳定。15° 时，在前 12min 里径流量一直增加，随后出现波动，但波动幅度不大。5° 时，径流量在 12min 时出现峰值，随后出现下降，18min 后又出现峰值。比较 5°、15°、25° 坡度下相同时刻径流量，在整个冲刷时段内，25° 时单位时间径流量最大，其次是 15° 时，最小为 5° 时。5° 时、15° 时、25° 时平均径流量分别为 5.06L/min、5.68L/min、6.52L/min，平均径流量随坡度增加而增加。

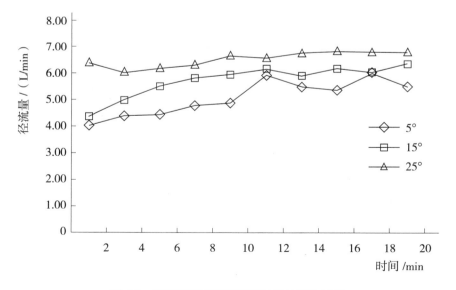

图 4.7　不同坡度下径流量随时间的变化过程

4.2.2　不同坡度下累积径流量随时间的变化

不同坡度下累积径流量随时间的变化过程如图 4.8 所示。

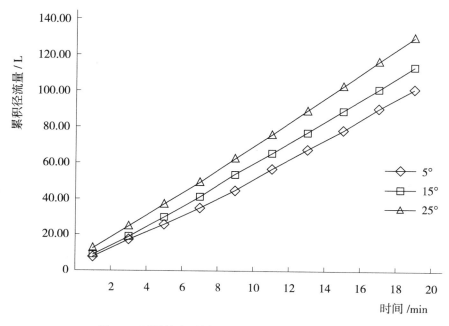

图 4.8　不同坡度下累积径流量随时间的变化过程

5°、15°、25° 三种坡度下累积径流量均呈近似直线增加。从累积径流量变化率，即图中近似直线的斜率来看，累积径流量变化率从大到小依次分别为 25° 时、15° 时、5° 时，坡度越大，累积径流量变化率越大，累积径流量随时间的变化越显著。5° 时、15° 时、25° 时，20min 内累积径流量分别为 101.19L、113.53L、130.37 L，5° 时累积径流量最小，其次是 15° 时，最大是 25° 时，累积径流量表现出随坡度增加而增加的规律。

4.2.3　不同坡度下产流时间和退水时间的变化

不同坡度下产流时间和退水时间的变化如图 4.9 所示。由图可知，不同坡度下，径流的产流时间及退水时间有一定差异。5° 时、15° 时、25° 时产流时间分别为 47.8s、16s、6.7s，退水时间分别为 113s、69.6s、59.8s，产流时间和退水时间表现出相同的规律，即在相同条件下，坡度越大，产流时间、退水时间越短，表明坡度越大，径流洪水消涨速度越快，这对水土保持不利。

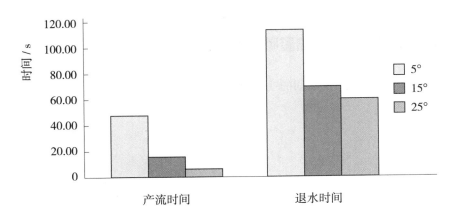

图4.9　不同坡度下产流时间和退水时间的变化

4.2.4　不同坡度下径流含沙量随时间的变化

不同坡度下径流含沙量随时间的变化过程如图4.10所示。

总的趋势是，15°时、25°时径流含沙量随时间变化而下降，15°时变化率要比25°时大。25°时径流含沙量在前10min里基本呈直线急剧下降，而后增加，14min后又明显下降。15°时，冲刷前期径流含沙量很大，在前6min减少十分明显，随后波折式下降，14min后下降趋势趋于平稳。5°时径流含沙量上下波动，没有明显的上升或下降趋势。比较5°时、15°时、25°时相同时刻径流含沙量，前4min里，径流含沙量从大到小依次为15°时、25°时、5°时，5至12min，径流含沙量波动较大，12min后径流含沙量从大到小依次为25°时、15°时、5°时。从平均径流含沙量来看，5°时、15°时、25°时分别为24.67g/L、175.82g/L、156.79 g/L，平均径流含沙量最高的为15°时，其次为25°时，5°时最小。

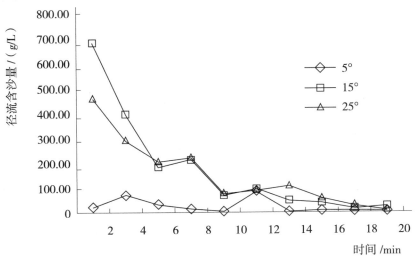

图4.10　不同坡度下径流含沙量随时间的变化过程

4.2.5　不同坡度下产沙率随时间的变化

不同坡度下产沙率随时间的变化过程如图 4.11 所示。

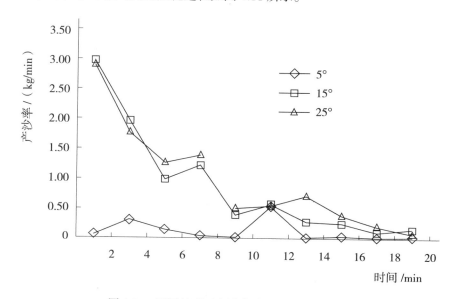

图 4.11　不同坡度下产沙率随时间的变化过程

总的来看,坡度为 15°时、25°时,产沙率随时间变化而减小,变化趋势相似。在产流初期,15°、25° 坡面产沙率都较大,而后急剧下降,6min 后开始曲折式下降、上升,14min 后下行趋势逐渐稳定。5° 时,产沙率上下波动,在 12min 时出现峰值。对 5°、15°、25° 条件下相同时刻产沙率进行比较,可以看出:在前 10min 里,15° 时、25° 时相同时刻产沙率交替变化,但都高于 5° 时同一时刻的产沙率,11min 时 3 个坡度的产沙率几乎相等,11min 后产沙率从大到小依次分别是 25° 时、15° 时、5° 时。5°、15°、25° 坡面平均产沙率分别为 0.12kg/min、0.89kg/min、0.99 kg/min,表明随着坡度的增加,平均产沙率也增加。

4.2.6　不同坡度下累积产沙量随时间的变化

不同坡度下累积产沙量随时间的变化过程如图 4.12 所示。从图中可以看出,25° 时累积产沙量随时间变化率最大,其次是 15° 时,最小为 5° 时。比较相同时刻不同坡度累积产沙量,在 8min 之前,15° 时、25° 时累积产沙量十分接近,8min 后 25° 时累积产沙量要明显大于 15° 时。进一步进行的方差分析表明,15° 时、25° 时累积产沙量差异不显著,但都显著高于 5° 时。在冲刷的 20min 里,5° 时、15° 时、25° 时的累积产沙量分别为 2.48 kg、17.71 kg、19.91 kg,15°、25° 坡面累积产沙量要远远大于 5° 坡面累积产沙量,分别是 5° 时的 7.14 倍和 8.03 倍,表明坡度越大,在相同冲刷时间里的产沙量越大。

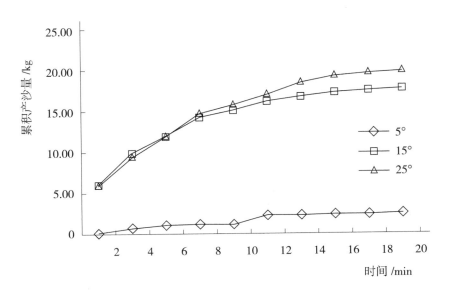

图 4.12　不同坡度下累积产沙量随时间的变化过程

4.3　冲刷强度对矿区堆积土径流及泥沙流失特征的影响

4.3.1　不同冲刷强度下径流量随时间的变化

不同冲刷强度下径流量随时间的变化过程如图 4.13 所示。总的来看，300L/h、500L/h、700L/h 冲刷强度下，径流量均随时间变化而增加，但变化幅度不同。700 L/h 冲刷强度下径流量变化幅度要大于 500L/h 冲刷强度下，500L/h 冲刷强度下径流量变化幅度要大于 300L/h 冲刷强度下。700L/h 冲刷强度下，径流量在前 6min 里增加较快，6min 后平稳增加，16min 时趋于稳定。500L/h 冲刷强度下，径流量在前 12min 里上下波动，但变化幅度不大，至 16min 时基本稳定。300L/h 冲刷强度下，径流量在 4min 时出现峰值，6min 后平稳增加，但增加幅度很小。比较不同冲刷强度下相同时刻径流量，在冲刷时段内，700L/h 冲刷强度下径流量始终最大，其次是 500L/h 冲刷强度下，最小的为 300L/h 冲刷强度下。300L/h、500L/h、700L/h 冲刷强度下平均径流量分别为 4.33 L/min、6.52 L/min、8.82 L/min，表明冲刷强度越大，平均径流量越大。

4.3.2　不同冲刷强度下累积径流量随时间的变化

不同冲刷强度下累积径流量随时间的变化过程如图 4.14 所示。300L/h、500L/h、700 L/h 三种冲刷强度下，累积径流量均随时间呈近似直线增加。从累积径流量变化率，即图中近似直线的斜率来看，累积径流量变化率从大到小依次为 700 L/h 冲刷强度下、500 L/h 冲刷强度下、

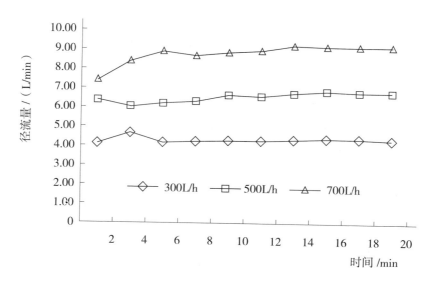

图 4.13　不同冲刷强度下径流量随时间的变化过程

300 L/h 冲刷强度下，冲刷强度越大，累积径流量变化率越大。300L/h、500L/h、700L/h 冲刷强度下，20min 内累积径流量分别为 86.54L/h、130.37L/h、176.30L。700 L/h 冲刷强度下累积径流量最大，其次为 500 L/h 冲刷强度下，最小的为 300 L/h 冲刷强度下，相同时间内累积径流量表现出随冲刷强度增加而增加的规律。以上分析表明，在相同条件下，径流的冲刷强度直接决定累积径流量变化率及累积径流量的大小，冲刷强度越大，累积径流量变化率及累积径流量越大。

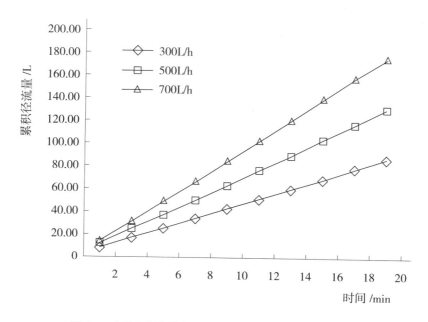

图 4.14　不同冲刷强度下累积径流量随时间的变化过程

4.3.3　不同冲刷强度下产流时间和退水时间的变化

不同冲刷强度下产流时间和退水时间的变化如图 4.15 所示。

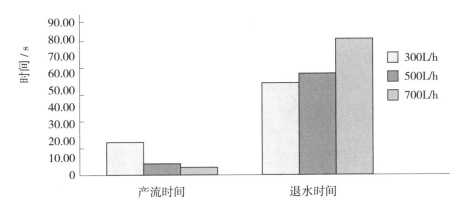

图 4.15　不同冲刷强度下产流时间及退水时间的变化

300 L/h、500 L/h、700 L/h 冲刷强度下产流时间分别为 19.4s、6.7s、4.2s，退水时间分别为 53.8s、59.9s、80s，流量越大，产流时间越短，退水时间越长。由于各组样地堆积土类型相同，土壤理化性状相似，坡度相同，渗透性相当，冲刷流量愈大，地表径流量越大，在产流阶段，径流到达集水槽的时间越短，而在退水阶段，退水时间相对较长。

4.3.4　不同冲刷强度下径流含沙量随时间的变化

不同冲刷强度下径流含沙量随时间的变化过程如图 4.16 所示。

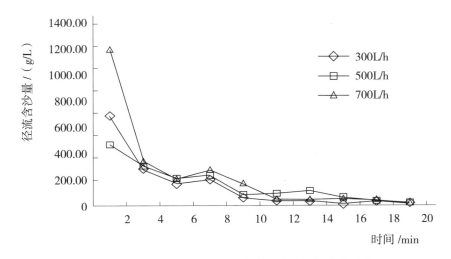

图 4.16　不同冲刷强度下径流含沙量随时间的变化过程

300L/h、500L/h、700 L/h 三种冲刷强度下，径流含沙量总体上随时间的变化均呈减小趋势。700L/h 冲刷强度下，前 6min 里径流含沙量急剧下降，8min 时出现波动，后又快速下降，12min 后趋于稳定。500 L/h 冲刷强度下，在产流初期径流含沙量下降速度较快，至 10min 时出现最低值，而后上升，至 14min 时达到峰值，14min 后下降趋势趋于平稳。300L/h 冲刷强度下，除在 18min 时出现波动外，其余时段径流含沙量一直减少。比较不同冲刷强度下相同时刻径流含沙量，在前 4min 里，700L/h 冲刷强度下径流含沙量最高，其次为 300L/h 和 500L/h 冲刷强度下，4min 后径流含沙量交错波动。从平均径流含沙量来看，300L/h、500L/h、700 L/h 冲刷强度下平均径流含沙量分别为 151.41L/h、156.79L/h、240.79g/L。300 L/h 和 500 L/h 冲刷强度下平均径流含沙量相差不大，500 L/h 冲刷强度下平均径流含沙量略高于 300 L/h 冲刷强度下，而 700 L/h 冲刷强度下平均径流含沙量要远远高于其他两种冲刷强度下，这与其产流初期有很大的径流含沙量有关，其在 2min 时径流含沙量高达 800.74g/L。

4.3.5　不同冲刷强度下产沙率随时间的变化

不同冲刷强度下产沙率随时间的变化过程如图 4.17 所示。总的来讲，300L/h、500L/h、700 L/h 三种冲刷强度下产沙率随着时间变化而减小，700L/h 冲刷强度下减小幅度较大，其次是 500L/h 和 300L/h 冲刷强度下。700L/h 冲刷强度下，产沙率仅在 8min 时出现波动，其余时段均随时间变化而变小。500L/h 冲刷强度下，产流初期产沙率随时间的变化而减小，在 8min、14min 时，产沙率突然增大，而后又开始减小。300L/h 冲刷强度下，产沙率平稳下降，变化幅度相对较小。从相同时刻产沙率来看，在前 12min 里，700L/h 冲刷强度下产沙率大于 500L/h 和 300L/h 冲刷强度下，特别是在最初的 2min 里，700L/h 冲刷强度下产沙率达 8.97kg/min，分别是 300L/h、500L/h 冲刷强度下的 2.75 倍和 2.96 倍。而 300L/h 与 500L/h 冲刷强度下产沙率相差不大，表明当冲刷强度增加到一定程度后（大于 500L/h），产流初期产沙率骤然增大，冲刷初期即可能发生严重的水土流失，在大股水流的推动下，松散弃土弃渣极易随水下泄，甚至可能引发泥石流。300L/h、500L/h、700L/h 冲刷强度下平均产沙率分别为 0.78kg/min、0.99kg/min、1.95kg/min，平均产沙率随着径流强度的增加而增加。

4.3.6　不同冲刷强度下累积产沙量随时间的变化

不同冲刷强度下累积产沙量随时间的变化过程如图 4.18 所示。相比较而言，700L/h 冲刷强度下累积产沙量随时间变化的幅度最大，其次是 500L/h 冲刷强度下，最小的是 300L/h 冲刷强度下。比较相同时刻的累积产沙量，在整个冲刷时间内，700L/h 冲刷强度下相同时刻累积产沙量都要远远大于 500L/h 和 300L/h 冲刷强度下。在前 10min 里，300L/h、500L/h 累积产沙量相差不大，10min 后，500L/h 冲刷强度下累积产沙量增加较快。300 L/h、500L/h、700L/h 三种冲刷强度下 20min 累积产沙量分别为 15.50kg、19.91kg、39.08kg，比例为 1 ∶ 1.28 ∶ 2.52，表明随着时间的增加（大于 10min 后），冲刷流量越大，土壤流失量越大。

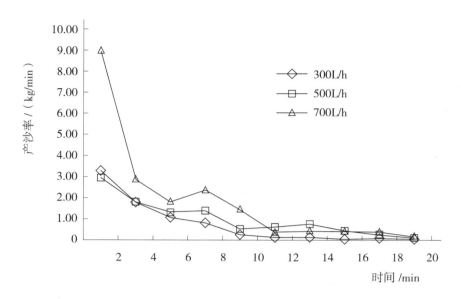

图 4.17　不同冲刷强度下产沙率随时间的变化过程

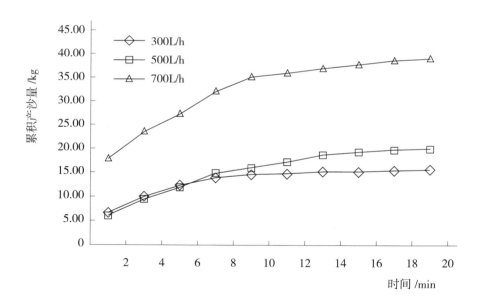

图 4.18　不同冲刷强度下累积产沙量随时间的变化过程

4.4　地表覆盖状况对径流及泥沙流失特征的影响

4.4.1　不同覆盖度下径流量随时间的变化

不同覆盖度下径流量随时间的变化过程如图 4.19 所示。

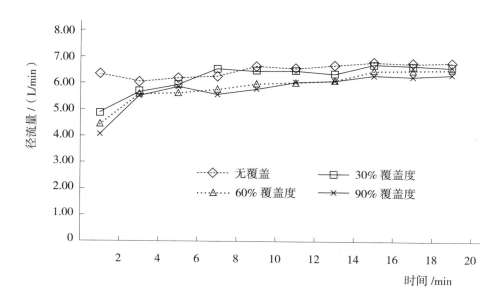

图 4.19　不同覆盖度下径流量随时间的变化过程

　　总体来看，在无覆盖、30% 覆盖度、60% 覆盖度、90% 覆盖度下，单位时间径流量随时间的变化呈增加趋势。在冲刷的前段（6 ～ 8min），无覆盖坡地的径流量明显高于有覆盖坡地，在 30% 覆盖度、60% 覆盖度和 90% 覆盖度下，径流量增加较快，之后增加的幅度放缓。比较各覆盖度下相同时刻的径流量发现，虽然不同覆盖度下径流量变化曲线间有相互交错的现象，但基本呈现出以下规律：径流量从大到小依次为无覆盖、30% 覆盖度、60% 覆盖度、90% 覆盖度。从平均径流量来看，无覆盖、30% 覆盖度、60% 覆盖度、90% 覆盖度下平均径流量分别为 6.52 L/min、6.23 L/min、5.94 L/min、5.80 L/min。可见，随着覆盖度的增加，平均径流量减少，对减少径流有一定作用。

4.4.2　不同覆盖度下累积径流量随时间的变化

　　不同覆盖度下累积径流量随时间的变化过程如图 4.20 所示。累积径流量变化率，即图中近似直线的斜率从大到小依次为无覆盖、30% 覆盖度、60% 覆盖度、90% 覆盖度。无覆盖、

30% 覆盖度、60% 覆盖度、90% 覆盖度下，20min 内累积径流量分别为 130.37 L、124.54 L、118.88 L、115.92 L。从中可以看出：①有覆盖和无覆盖试验组无论是累积径流量变化率还是相同时段累积径流量，都有明显不同，无覆盖条件下累积径流量分别是 30% 覆盖度、60% 覆盖度、90% 覆盖度下的 1.05 倍、1.10 倍、1.12 倍；②有覆盖时，30% 覆盖度下与60% 覆盖度、90% 覆盖度下累积径流量变化率、相同时段累积径流量有差异，但 60% 覆盖度下与 90% 覆盖度下累积径流量变化率、相同时段累积径流量几乎相同，可见，当覆盖度增加到一定程度（60% 以上）之后，覆盖度的增加对累积径流量没有明显影响。

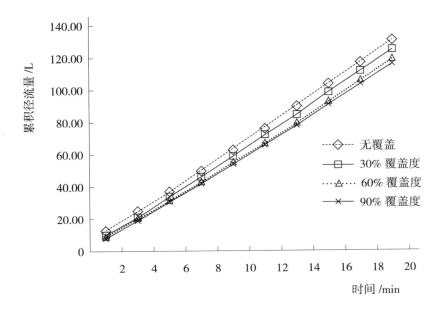

图 4.20 不同覆盖度下累积径流量随时间的变化过程

4.4.3 不同覆盖度下地表产流时间和退水时间的变化

不同覆盖度下地表产流时间和退水时间的变化如图 4.21 所示。无覆盖、30% 覆盖度、60% 覆盖度、90% 覆盖度下产流时间分别为 6.7s、31.9s、36.1s、37.3s，退水时间分别为59.8s、82.4s、91.7s、109s，产流时间、退水时间均表现出随覆盖度增加而增加的趋势，这可能与覆盖物的持水性能有关。各试验组冲刷流量、地面坡度、堆积土类型都相同，而覆盖的五节芒叶的盖度不同，在产流阶段，五节芒叶的分散、拦截、蓄持作用，与没有覆盖相比，大大延缓了径流洪水产生的时间，这种延缓作用又与覆盖度，实际上是覆盖物的质量有直接关系，覆盖度越大，覆盖物的质量越大，延缓作用越明显。在退水阶段，停止供水后，有覆盖时覆盖物蓄持的水分在重力作用下向下释放、移动，相比无覆盖度下又有一个较明显的滞后、缓流作用，退水时间相应增加。

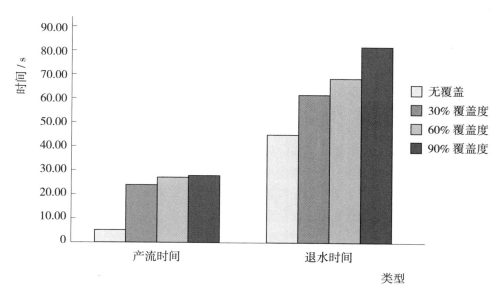

图 4.21　不同覆盖度下地表产流时间和退水时间的变化

4.4.4　不同覆盖度下径流含沙量随时间的变化

不同覆盖度下径流含沙量随时间的变化过程如图 4.22 所示。

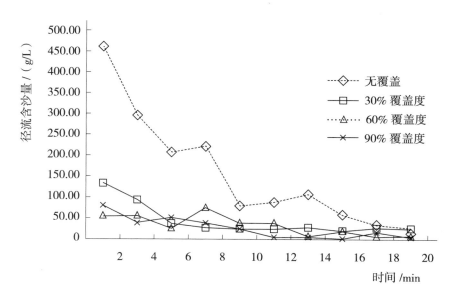

图 4.22　不同覆盖度下径流含沙量随时间的变化过程

总的趋势是，不同覆盖度下径流含沙量随时间变化而减小，减小幅度最为明显的是无覆盖时，其次是 30% 覆盖度下，分别由最初的 461.08 g/L、132.67 g/L 减小到 13.57 g/L、

23.92 g/L。60% 覆盖度与 90% 覆盖度下径流含沙量变化幅度相对较小。无覆盖时，径流含沙量在前 10min 内呈近似直线急剧下降，而后增加，14min 后又明显下降。30% 覆盖度下，径流含沙量在前 6min 内下降迅速，6min 后下降趋势放缓。60% 覆盖度、90% 覆盖度下，径流含沙量随时间变化而变化，径流含沙量变化的随机性、间歇性明显。将不同覆盖度下相同时刻的径流含沙量进行比较，除 10min 和 20min 两个时刻外，无覆盖时径流含沙量要比有覆盖时大得多。有覆盖条件下，在冲刷的前 4min 内，30% 覆盖度下的径流含沙量要大于 60% 覆盖度和 90% 覆盖度下，4min 后，3 种覆盖度下的径流含沙量交错变化。无覆盖、30% 覆盖度、60% 覆盖度、90% 覆盖度下平均径流含沙量分别为 156.79g/L、43.40g/L、33.17g/L、26.83g/L，从大到小依次为无覆盖、30% 覆盖度、60% 覆盖度、90% 覆盖度，表明随着覆盖度的增加，平均径流含沙量降低。

4.4.5　不同覆盖度下产沙率随时间的变化

不同覆盖度下产沙率随时间的变化过程如图 4.23 所示。从总的趋势看，产沙率变化趋势同径流含沙量变化趋势类似，不同覆盖度下，产沙率均随时间变化而减小，以无覆盖时变化最为显著，变化幅度较有覆盖时大得多。无覆盖、30% 覆盖度、60% 覆盖度、90% 覆盖度下平均产沙率分别为 0.99kg/min、0.25kg/min、0.19kg/min、0.14kg/min，无覆盖时平均产沙率最大，其次为 30% 覆盖度、60% 覆盖度下，最小的为 90% 覆盖度下，随着覆盖度的增加，平均产沙率逐渐减小。

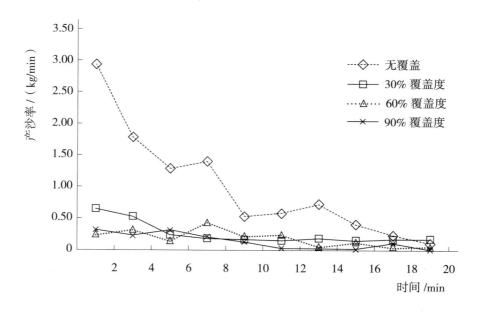

图 4.23　不同覆盖度下产沙率随时间的变化过程

4.4.6　不同覆盖度下累积产沙量随时间的变化

不同覆盖度下累积产沙量随时间的变化过程如图 4.24 所示。由图可知，无覆盖时累积产沙量的变化幅度最为明显，其他 3 种有覆盖条件下累积产沙量的变化幅度相差不大。比较相同时间、不同覆盖度下的累积产沙量，可以看出：①无覆盖时所有相同时刻的累积产沙量都要大于有覆盖时；②有覆盖时，30% 覆盖度下累积产沙量在所有时刻都要高于 60% 覆盖度、90% 覆盖度下。60% 覆盖度与 90% 覆盖度下，前 8min，两者的累积产沙量基本相当，8min 后，60% 覆盖度下累积产沙量要高于 90% 覆盖度下。无覆盖、30% 覆盖度、60% 覆盖度、90% 覆盖度下 20min 累积产沙量分别为 19.91kg、5.02kg、3.77kg、2.84 kg，比例为 7.01∶1.77∶1.33∶1，无覆盖时相同时刻累积产沙量要远远大于有覆盖时，随着覆盖度的增加，累积产沙量减小。

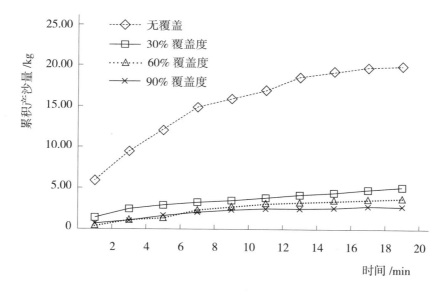

图 4.24　不同覆盖度下累积产沙量随时间的变化过程

4.5　本章小结

（1）在相同冲刷流量、相同坡度下，新弃土、老弃土、自然土单位时间产生的径流量随时间变化均呈上升趋势。新弃土、老弃土、自然土不同时刻径流量有显著差异，新弃土、老弃土相同时间径流量、累积径流量要显著高于自然土。新弃土、老弃土、自然土的退水时间从大到小依次为新弃土、老弃土、自然土。新弃土、老弃土的径流含沙量、产沙率随时间变化而下降，自然土径流含沙量、产沙率在小范围内波动，整个冲刷时段内径流含沙量、产沙率都较小。新弃土、老弃土、自然土平均径流含沙量分别为156.79g/L、51.68g/L、23.99g/L，平均产沙率为0.99kg/min、0.27 kg/min、0.03 kg/min，新弃土、老弃土平均产沙率要比自然土高出许多。新弃土、老弃土、自然土相同时刻累积产沙量从大到小依次为新弃土、老弃土、自然土，新弃土、老弃土在相同时刻的累积产沙量要显著高于自然土。

（2）在相同流量、相同堆积土类型下，5°、15°、25°坡面的单位时间径流量均随时间的变化呈增加趋势。在整个冲刷时段内，25°时单位时间径流量、累积径流量最大，其次是15°时，最小为5°时，平均径流量和累积径流量随坡度增加而增加。不同坡度下，径流产流时间及退水时间有一定差异，坡度越大，产流时间、退水时间越短。平均径流含沙量最高为15°时，其次为25°时，5°时最小。5°、15°、25°坡面平均产沙率分别为0.12kg/min、0.89kg/min、0.99 kg/min，20min累积产沙量分别为2.48kg、17.71kg、19.91kg。随着坡度的增加，平均产沙率逐渐增加。

（3）300L/h、500L/h、700L/h冲刷强度下径流量均随时间的变化而增加。冲刷强度越大，平均径流量、累积径流量变化率及累积径流量越大，产流时间越短，退水时间越长。3种冲刷强度下，径流含沙量总体上均随时间变化呈减小趋势。从平均径流含沙量来看，300L/h和500L/h冲刷强度下平均径流含沙量相差不大，500L/h冲刷强度下平均径流含沙量略高于300L/h冲刷强度下，而700L/h冲刷强度下要远远高于其他两种冲刷强度下。300L/h、500L/h、700L/h冲刷强度下平均产沙率分别为0.78kg/min、0.99kg/min、1.95kg/min，20min累积产沙量分别为15.50kg、19.91kg、39.08kg，平均产沙率、土壤流失量随着径流强度增加而增加。

（4）总体来看，在无覆盖、30%覆盖度、60%覆盖度、90%覆盖度下，单位时间径流量随时间的变化呈增加趋势。平均径流量、20min累积径流量从大到小依次为无覆盖、30%覆盖度、60%覆盖度、90%覆盖度，无覆盖时平均径流量、累积径流量最大，60%覆盖度与90%覆盖度下累积径流量变化率、相同时段累积径流量差异不明显。产流时间、退水时间均表现出随覆盖度增加而增加的趋势。不同覆盖度下，径流含沙量、产沙率随时间变化而减小，以无覆盖时变化最为显著。无覆盖、30%覆盖度、60%覆盖度、90%覆盖度下平均径流含沙量分别为156.79g/L、43.40g/L、33.17g/L、26.83g/L，平均产沙率分别为0.99kg/min、0.25kg/min、0.19kg/min、0.14kg/min，20min累积产沙量分别为19.91kg、5.02kg、3.77kg、2.84kg，随着覆盖度的增加，平均径流含沙量、平均产沙率、累积产沙量降低。无覆盖时累积产沙量的变化幅度最为明显，其他3种有覆盖条件下的累积产沙量变化幅度及累积产沙量相差不大，无覆盖时相同时刻的累积产沙量要远远大于有覆盖时。

第5章 侵蚀泥沙颗粒特征研究

土壤基质是由不同比例、粒径粗细不一、形状和组成各异的颗粒组成的。不同颗粒组成的土壤，它们之间的水、肥、气、热状况、物理机械性质、分散体系性质以及土壤团聚性等也各有差别，土壤颗粒组成在土壤形成和农业利用方面具有重要意义。

土壤侵蚀是全球性的环境问题。Ellision 把土壤侵蚀定义为在侵蚀力作用下土壤颗粒的分离和输移过程。土壤颗粒在侵蚀力作用下的破坏、输移和沉积规律是水土保持科学的理论基础之一。近些年来，一些学者对土壤侵蚀泥沙颗粒组成展开了研究。黄丽等通过观测秭归县紫色土坡地和王家桥小流域河道降雨，并对土壤和泥沙进行分析，初步探讨了紫色土坡地土壤颗粒的流失特点、影响因素及其与流域河道泥沙组成的不同，结果表明紫色土坡地流失的泥沙中粒径小于 0.02mm 的颗粒大量富集，而河道泥沙的组成以粒径为 0.02～0.2mm 的颗粒为主，其粒径分布更接近于坡地表土[153]。黄满湘等利用田间模拟径流试验研究了北京地区农田暴雨径流侵蚀泥沙的粒径分布，发现侵蚀泥沙的团聚体组成和原来的土壤有很大差异[154]。张颖等对黄土高原侧柏、油松、元宝枫和刺槐幼林径流侵蚀泥沙颗粒组成进行了研究[155]。赵辉等对湖南武水流域泥沙颗粒特性及分形规律进行了研究[156]。以上研究对象主要是森林土壤或农业土壤，对人为扰动土，特别是矿区弃土尚未进行相关研究。本章主要对大宝山矿区侵蚀泥沙颗粒流失特征进行了研究。

5.1 堆积时间对侵蚀泥沙颗粒特征的影响

5.1.1 冲刷前后表土颗粒特性及组成

不同堆积土冲刷前后表土颗粒特性及组成见表 5.1。与冲刷前相比，新弃土、老弃土和自然土冲刷后的体积平均粒径、粒径大于 2mm 的颗粒（石砾）均有所增加，但粒径为 0.02～0.2mm 颗粒（细砂粒）、粒径为 0.002～0.02mm 颗粒（粉粒）、粒径小于 0.002mm 颗粒（黏粒）的含量有一定程度的减少。新弃土冲刷后，表土比表面积减少，粒径为 0.2～2mm 的颗粒（粗砂粒）增加，老弃土、自然土的变化趋势则相反。

进一步比较不同堆积土表土冲刷前后各指标的变化值发现：①新弃土、老弃土、自然土的体积平均粒径增加值分别为 37.06um、40.19um、12.13um，新弃土、老弃土体积平均粒径增加值较自然土大，主要是因为新弃土、老弃土属人为扰动土，石砾含量较高，粒径分布不均，而自然土各粒径分布相对均衡；②新弃土、老弃土、自然土冲刷前后比表面积的变化值相差不大；③新弃土各单粒组含量变化幅度较老弃土、自然土小，其中新弃土各单粒组含量增减率绝对值为 1.44%，老弃土、自然土各单粒组含量增减率绝对值分别为7.30%、12.94%，相比较而言，新弃土表土冲刷前后各单粒组含量不大，可能的原因是新弃土堆积时间较短，降雨、径流等侵蚀力对表层土的剥蚀、转运和沉积作用的效果还没有表现出来，在土壤剖面上颗粒组成分异性规律不明显，而老弃土、自然土经过多年降雨、径流等侵蚀力的作用，在土壤剖面上有一定的分层分布特征，随着径流的冲刷下切，底层土壤颗粒遭破坏、剥蚀，引起颗粒组成状况在冲刷前后变化较明显；④就粉粒、黏粒含量于冲刷前后的变化来看，冲刷前后新弃土、老弃土、自然土的粉粒、黏粒变化幅度分别为0.67%、1.15%、5.80%，自然土的粉粒、黏粒含量变化幅度较大，这与自然土有较高的粉粒、黏粒含量有关。

表 5.1　不同堆积土冲刷前后表土颗粒特性及组成

堆积土类型	项目	体积平均粒径 /um	比表面积 /（m²/g）	颗粒组成 /%				
				石砾	粗砂粒	细砂粒	粉粒	黏粒
新弃土	冲刷前表土	158.16	1.14	65.46	10.79	10.87	9.24	3.64
	冲刷后表土	195.22	1.05	66.39	11.30	10.10	9.01	3.20
	冲后一冲前	37.06	−0.09	0.93	0.51	−0.77	−0.23	−0.44
老弃土	冲刷前表土	264.02	0.60	71.10	6.18	11.89	9.40	1.43
	冲刷后表土	304.21	0.68	78.40	5.28	6.64	8.44	1.24
	冲后一冲前	40.19	0.08	7.30	−0.90	−5.25	−0.96	−0.19
自然土	冲刷前表土	134.69	0.70	31.62	12.76	15.96	27.16	12.50
	冲刷后表土	146.82	0.81	44.56	9.55	12.03	25.68	8.18
	冲后一冲前	12.13	0.11	12.94	−3.21	−3.93	−1.48	−4.32

5.1.2　堆积土侵蚀泥沙颗粒特征

不同堆积土侵蚀泥沙颗粒特性及组成见表 5.2。由表可知，新弃土、老弃土、自然土侵蚀泥沙体积平均粒径分别为 281.78um、232.54um、211.56 um，新弃土侵蚀泥沙体积平均粒径较大。新弃土、老弃土、自然土侵蚀泥沙比表面积从大到小依次为自然土、老弃土、新弃土。从不同粒径来看，新弃土、老弃土侵蚀泥沙石砾含量较高，在 50% 左右，而自然土侵蚀泥沙中石砾含量较少，仅占 4.61%；新弃土、老弃土侵蚀泥沙砂粒含量（粒径为0.2～2mm 的粗砂粒与粒径为 0.02～0.2mm 的细砂粒之和）也要高于自然土，新弃土、老弃土、自然土侵蚀泥沙砂粒含量分别为 36.62%、35.32%、27.42%；自然土侵蚀泥沙中的粉粒、黏粒含量明显高于新弃土、老弃土，新弃土、老弃土、自然土侵蚀泥沙中粉粒、黏粒含量之和分别占 12.86%、15.55% 和 67.97%，自然土侵蚀泥沙中粉粒、黏粒含量之和分别是新弃土和老弃土侵蚀泥沙的 5.29 倍、4.37 倍。以上分析表明，自然土侵蚀泥沙中的颗粒以粉粒和黏粒为主，即主要为粒径小于 0.02mm 的颗粒，这与黄丽等的研究结论[157]基本一致。而新弃土、老弃土侵蚀泥沙中的颗粒以石砾和砂粒为主，这与自然土有很大不同。

与冲刷前表土各粒径组含量比较，新弃土、老弃土、自然土侵蚀泥沙中大于 2mm 的颗粒含量都有所减少，其中自然土减少较多，泥沙中粒径大于 2mm 的颗粒（石砾）含量仅为表土的 15%。新弃土、老弃土、自然土侵蚀泥沙中粒径为 0.002～0.02mm 的颗粒（粉粒）含量都有所增加，增加的幅度相差不大。自然土侵蚀泥沙中粒径为 0.2～2mm、0.02～0.2mm 的颗粒含量，即砂粒含量接近冲刷前表土含量，而新弃土、老弃土侵蚀泥沙中砂粒含量分别是表土的 1.70 倍、2.28 倍，表明新弃土、老弃土侵蚀泥沙对砂粒具有富集性。新弃土侵蚀泥沙中粒径小于 0.002mm 的颗粒（黏粒）含量较冲刷前表土减少，老弃土、自然土侵蚀泥沙中相应粒径组含量则增加较大，分别为冲刷前表土的 2.85 倍、2.92 倍。

表 5.2　不同堆积土侵蚀泥沙颗粒特性及组成

堆积土类型	项目	体积平均粒径 /um	比表面积 /（m²/g）	颗粒组成 /%				
				石砾	粗砂粒	细砂粒	粉粒	黏粒
新弃土	泥沙	281.78	0.73	50.52	24.13	12.49	9.69	3.17
	泥沙：冲刷前表土	1.78	0.64	0.77	2.24	1.15	1.05	0.87
老弃土	泥沙	232.54	0.85	49.13	20.39	14.93	11.48	4.07
	泥沙：冲刷前表土	0.88	1.42	0.69	3.30	1.26	1.22	2.85
自然土	泥沙	211.56	0.94	4.61	12.14	15.28	31.45	36.52
	泥沙：冲刷前表土	1.57	1.34	0.15	0.95	0.96	1.16	2.92

5.1.3　堆积土侵蚀泥沙颗粒特性及组成随时间的变化

不同堆积土侵蚀泥沙颗粒特性及组成随时间的变化见表 5.3。由表可以看出，总体而言，随着冲刷时间的推进，自然土体积平均粒径逐渐变小，比表面积逐渐增大，而新弃土、老弃土的体积平均粒径和比表面积变化没有明显规律。总体来看，新弃土、老弃土、自然土侵蚀泥沙中石砾含量（粒径大于 2mm 颗粒组）都表现出随时间变化而变小的趋势。新弃土、老弃土侵蚀泥沙中砂粒含量随着时间的变化而增加，相比较而言，自然土侵蚀泥沙砂粒变化幅度不大，砂粒含量变化范围为 20.57%～35.75%。至于粉粒和黏粒含量，新弃土、老弃土侵蚀泥沙中粉粒与黏粒含量之和表现出相同规律，即粉粒和黏粒含量之和随着时间的变化而增加，而自然土中粉粒含量和黏粒含量之和较稳定，其含量之和的波动范围为 60.75% ～ 75.16%。

表 5.3　不同堆积土侵蚀泥沙颗粒特性及组成随时间的变化

堆积土类型	时间/min	体积平均粒径/um	比表面积/（m²/g）	颗粒组成/%				
				石砾	粗砂粒	细砂粒	粉粒	黏粒
新弃土	2	295.49	0.54	65.78	18.21	10.00	4.42	1.59
	4	220.05	0.92	78.58	8.54	5.99	5.11	1.78
	6	258.66	0.78	57.56	19.34	11.31	8.82	2.97
	8	304.70	0.69	62.87	18.38	9.09	7.41	2.25
	10	253.70	0.81	42.18	25.35	15.63	12.66	4.18
	12	290.78	0.71	50.74	24.72	12.09	9.34	3.11
	14	269.70	0.78	47.47	23.57	14.33	11.01	3.62
	16	296.82	0.71	38.86	30.88	14.44	11.99	3.83
	18	326.44	0.66	28.47	38.16	16.25	12.97	4.15
	20	301.44	0.70	32.73	34.15	15.80	13.16	4.16
老弃土	2	211.65	0.86	61.28	15.61	11.77	8.35	2.99
	4	281.68	0.77	53.32	22.71	11.98	8.73	3.26
	6	244.30	0.82	57.63	18.06	12.13	9.09	3.09
	8	188.43	0.95	49.08	18.17	15.85	12.56	4.34
	10	237.86	0.90	42.64	23.27	16.56	12.85	4.68
	12	272.86	0.75	43.86	26.24	14.76	11.43	3.71
	14	235.97	0.73	68.33	13.31	9.34	7.05	1.97
	16	255.43	0.67	48.32	22.76	15.02	10.99	2.91
	18	205.98	1.04	33.66	22.54	21.59	15.86	6.35
	20	191.24	1.00	33.16	21.28	20.33	17.87	7.36
自然土	2	237.20	0.88	9.39	10.79	13.25	28.33	38.24
	4	304.16	0.81	7.58	11.05	13.18	30.36	37.83
	6	252.98	0.56	4.45	14.00	9.46	28.78	43.31
	8	217.14	0.87	4.27	12.14	8.43	37.97	37.19
	10	213.41	0.94	3.50	16.38	19.37	25.08	35.67
	12	201.17	0.97	6.27	10.15	12.77	34.81	36.00

堆积土类型	时间/min	体积平均粒径/um	比表面积/（m²/g）	颗粒组成/%				
				石砾	粗砂粒	细砂粒	粉粒	黏粒
自然土	14	208.59	0.92	2.56	14.04	19.52	33.06	30.82
	16	187.46	1.14	2.47	11.85	18.54	24.11	43.03
	18	158.15	1.01	2.76	11.71	20.01	35.78	29.74
	20	135.33	1.27	2.83	9.28	18.26	36.23	33.40

5.2　坡度对侵蚀泥沙颗粒特征的影响

5.2.1　不同坡度下冲刷前后表土颗粒特性及组成

不同坡度下冲刷前后表土颗粒特性及组成见表 5.4。在相同冲刷流量下，与冲刷前表土比较，不同坡度下表土体积平均粒径、比表面积、粉粒含量、黏粒含量呈一样的变化规律，即冲刷后体积平均粒径增加，5°、15°、25° 时体积平均粒径分别增加了 115.85um、9.63um、37.06 um，而比表面积、粉粒含量、黏粒含量均减小。坡度为 5° 时，冲刷前后石砾含量减少，砂粒含量增加，而在坡度为 15° 时、25° 时，石砾含量、砂粒含量变化趋势正好相反。进一步进行分差分析后发现，5°、15°、25° 时，冲刷前后表土颗粒特性及组成有显著差异，表明随着坡度的变化，冲刷前后颗粒状况有较大变化。

将不同坡度下表土冲刷前后各指标的变化值进行比较，5°、15°、25° 时，冲刷后体积平均粒径增加值分别为 115.85um、9.63um、37.06um，比表面积减少值分别为 0.46m²/g、0.10m²/g、0.09 m2/g，其中 5° 时变化的幅度最大。从各粒径组含量变化来看，5°、15°、25° 时各粒径组含量增减率绝对值分别为 16.46%、5.24%、1.44%，随着坡度的增加，变化幅度较小。

表 5.4　不同坡度下冲刷前后表土颗粒特性及组成

坡度	项目	体积平均粒径/um	比表面积/（m²/g）	颗粒组成/%				
				石砾	粗砂粒	细砂粒	粉粒	黏粒
5°	冲刷前表土	153.64	1.23	67.00	9.67	10.03	9.55	3.75
	冲刷后表土	269.49	0.77	51.03	22.56	13.60	9.49	3.32
	冲后—冲前	115.85	−0.46	−15.97	12.89	3.57	−0.06	−0.43

续表

坡度	项目	体积平均粒径 /um	比表面积 / （m²/g）	颗粒组成 /%				
				石砾	粗砂粒	细砂粒	粉粒	黏粒
15°	冲刷前表土	164.01	1.19	64.59	10.90	10.83	9.80	3.88
	冲刷后表土	173.64	1.09	69.83	9.99	9.01	8.14	3.03
	冲后－冲前	9.63	−0.10	5.24	−0.91	−1.82	−1.66	−0.85
25°	冲刷前表土	158.16	1.14	65.46	10.79	10.87	9.24	3.64
	冲刷后表土	195.22	1.05	66.39	11.30	10.10	9.01	3.20
	冲后－冲前	37.06	−0.09	0.93	0.51	−0.77	−0.23	−0.44

5.2.2　不同坡度下侵蚀泥沙颗粒特性及组成

不同坡度下侵蚀泥沙颗粒特性及组成见表5.5。5°、15°、25° 时侵蚀泥沙体积平均粒径分别为 324.45um、282.06um、281.78um，随着坡度的增加，体积平均粒径减小。5°、15°、25° 时侵蚀泥沙的比表面积从大到小依次为 25° 时、15° 时、5° 时，比表面积随着坡度的增加呈减小的趋势。从不同粒径组分布情况看，5°、15°、25° 时侵蚀泥沙中石砾含量与砂粒含量之和分别为 85.21%、85.73%、87.14%，占绝对优势，表明侵蚀泥沙以石砾和砂粒为主，各坡度时相应含量也基本一致。但随着坡度的增加，粒径大于 2mm 的石砾含量明显增加，15° 时较 5° 时增加 7.17%，25° 时较 15° 时增加 9.68%、较 5° 时增加 16.85%。侵蚀泥沙中砂粒含量（粒径为 0.2～2mm 颗粒和粒径为 0.02～0.2mm 颗粒之和）随着坡度的增加而减少，5°、15°、25° 时侵蚀泥沙中砂粒含量分别为 51.54%、44.89%、36.62%。侵蚀泥沙中粉粒、黏粒含量随着坡度的增加变化不大，粉粒含量为 9.69%～10.80%，黏粒含量为 3.17%～3.99%。以上分析表明，坡度变化导致侵蚀泥沙中石砾含量、砂粒含量变化明显。

与冲刷前表土比较，不同坡度下侵蚀泥沙体积平均粒径都有所增加，比表面积减小，5°、15°、25° 时侵蚀泥沙体积平均粒径分别是冲刷前表土的 2.11 倍、1.62 倍、1.78 倍，比表面积分别是冲刷前表土的 54%、64%、64%。从各粒径组含量变化看，各坡度下侵蚀泥沙中粒径大于 2mm 的颗粒含量较表土中含量减少，5°、15°、25° 时侵蚀泥沙中粒径大于 2mm 的颗粒（石砾）含量分别为冲刷前表土的 50%、59%、77%，随着坡度的增加，粒径大于 2mm 的颗粒含量愈接近冲刷前表土。各坡度下侵蚀泥沙中，粒径为 0.2～2mm 和 0.02～0.2mm 的颗粒（粗砂粒和细砂粒）含量均显著高于冲刷前表土，但坡度不同变化幅度有差异，5°、15°、25° 时侵蚀泥沙中粒径为 0.2～2mm 和 0.02～0.02mm 的颗粒含量之和分别为冲刷前表土的 2.63 倍、2.34 倍、1.70 倍，表明坡度越小，侵蚀泥沙对砂粒的富集现象越明显。不同坡度下侵蚀泥沙中粒径为 0.002～0.02mm 的颗粒（粉粒）含量较冲刷前表土有所增加，5°、15° 时侵蚀泥沙中粒径小于 0.002mm 的颗粒（黏粒）含量比冲刷前表土有所增加，而 25° 时有所减少。

表 5.5　不同坡度下侵蚀泥沙颗粒特性及组成

坡度	项目	体积平均粒径 /um	比表面积 /（m²/g）	颗粒组成 /%				
				石砾	粗砂粒	细砂粒	粉粒	黏粒
5°	泥沙	324.45	0.67	33.67	32.21	19.33	10.80	3.99
	泥沙：冲刷前表土	2.11	0.54	0.50	3.33	1.93	1.13	1.06
15°	泥沙	282.06	0.70	40.84	28.27	16.62	10.58	3.69
	泥沙：冲刷前表土	1.62	0.64	0.59	2.83	1.84	1.30	1.22
25°	泥沙	281.78	0.73	50.52	24.13	12.49	9.69	3.17
	泥沙：冲刷前表土	1.78	0.64	0.77	2.24	1.15	1.05	0.87

5.2.3　不同坡度下侵蚀泥沙颗粒特性及组成随时间的变化

不同坡度下侵蚀泥沙颗粒特性及组成随时间的变化见表 5.6。坡度为 5° 时，侵蚀泥沙体积平均粒径随时间的变化总体呈增大趋势，比表面积总体呈减小趋势。15° 时、25° 时侵蚀泥沙体积平均粒径和比表面积随时间的变化而不断波动，没有明显规律。总体来看，不同坡度下侵蚀泥沙中石砾含量随着时间的变化表现出减少的趋势。5° 时、15° 时，侵蚀泥沙中石砾含量在径流冲刷的前 10min 内变化剧烈，10min 后逐渐趋于平稳；25° 时，侵蚀泥沙中石砾含量一直下降。5°、15° 时，侵蚀泥沙中砂粒含量波动幅度较小，25° 时侵蚀泥沙中砂粒含量随着时间的变化而增加。相对来讲，随着时间的变化，5° 时侵蚀泥沙中粉粒、黏粒含量较稳定，15° 时、25° 时侵蚀泥沙中粉粒和黏粒含量呈增加趋势。

表 5.6　不同坡度下侵蚀泥沙颗粒特性及组成随时间的变化

坡度	时间 /min	体积平均粒径 /um	比表面积 /（m²/g）	颗粒组成 /%				
				石砾	粗砂粒	细砂粒	粉粒	黏粒
5°	2	106.57	1.02	40.49	27.67	16.91	11.45	3.48
	4	260.76	0.77	28.91	26.67	26.36	13.20	4.86
	6	261.47	0.76	31.77	25.75	24.41	13.54	4.53
	8	354.01	0.68	44.34	27.32	15.75	9.24	3.35
	10	338.65	0.63	32.35	33.96	19.58	10.37	3.74
	12	376.92	0.55	28.86	39.07	19.46	9.16	3.45

坡度	时间/min	体积平均粒径/um	比表面积/（m²/g）	颗粒组成/%				
				石砾	粗砂粒	细砂粒	粉粒	黏粒
5°	14	345.88	0.56	25.01	39.70	21.09	10.50	3.70
	16	349.54	0.57	26.56	40.17	19.56	10.05	3.66
	18	426.98	0.57	29.86	41.72	14.98	9.87	3.57
	20	423.77	0.55	28.44	40.13	15.22	10.63	5.58
15°	2	336.15	0.57	43.80	32.51	13.18	7.65	2.86
	4	203.62	0.93	51.16	17.99	15.92	10.83	4.10
	6	352.27	0.60	47.06	30.61	11.03	8.50	2.80
	8	256.23	0.82	39.60	26.13	18.13	11.66	4.48
	10	281.60	0.72	29.54	34.93	18.16	12.81	4.56
	12	267.09	0.60	36.77	31.68	19.42	8.81	3.32
	14	262.81	0.66	37.06	28.16	18.19	13.18	3.41
	16	344.39	0.62	33.88	27.11	20.46	16.00	2.55
	18	262.22	0.79	31.40	27.23	21.63	14.99	4.75
	20	254.28	0.68	34.17	26.32	20.11	15.36	4.04
25°	2	295.49	0.54	65.78	18.21	10.00	4.42	1.59
	4	220.05	0.92	78.58	8.54	5.99	5.11	1.78
	6	258.66	0.78	57.56	19.34	11.31	8.82	2.97
	8	304.70	0.69	62.87	18.38	9.09	7.41	2.25
	10	253.70	0.81	42.18	25.35	15.63	12.66	4.18
	12	290.78	0.71	50.74	24.72	12.09	9.34	3.11
	14	269.70	0.78	47.47	23.57	14.33	11.01	3.62
	16	296.82	0.71	38.86	30.88	14.44	11.99	3.83
	18	326.44	0.66	28.47	38.16	16.25	12.97	4.15
	20	301.44	0.70	32.73	34.15	15.80	13.16	4.16

5.3　冲刷强度对侵蚀泥沙颗粒特征的影响

5.3.1　不同冲刷强度下冲刷前后表土颗粒特性及组成

不同冲刷强度下冲刷前后表土颗粒特性及组成见表5.7。300L/h、500L/h、700L/h 三种冲刷强度下，与冲刷前表土比较，冲刷后体积平均粒径均增加，比表面积均减少。从不同粒径来看，3 种冲刷强度下，粉粒、黏粒含量变化呈相同规律，即冲刷后表土粉粒、黏粒含量均较冲刷前减少。300L/h、700L/h 冲刷强度下，表土石砾含量在冲刷后略有减少，砂粒含量有所增加，而 500L/h 冲刷强度下石砾含量、砂粒含量变化正好相反。

　　将不同冲刷强度下冲刷前后各指标的变化值进行比较，可知体积平均粒径变化幅度最大的是 700L/h 冲刷强度下，其次是 300L/h 冲刷强度下，500L/h 冲刷强度下体积平均粒径增加较少。冲刷前后比表面积减小的幅度从大到小依次为 300L/h、700L/h、500L/h 冲刷强度下。3 种冲刷强度下，冲刷前后粒径大于 2mm 的颗粒（石砾）含量相差不大，均在 60%以上。300L/h、500L/h、700L/h 冲刷强度下侵蚀泥沙中砂粒的变化幅度分别为 5.73%、0.26%、4.20%，其中 300L/h 冲刷强度下砂粒含量变化幅度最大。粉粒、黏粒含量在冲刷前后的变化幅度以 700L/h 冲刷强度下最大，分别为 2.93%、1.18%，而 500L/h 冲刷强度下变化幅度最小，分别为 0.23%、0.44%。从以上分析可以看出，冲刷前后表土颗粒特性及组成没有表现出随径流梯度变化而变化的规律，说明径流对土壤颗粒的搬运作用以及土壤颗粒的流失受多种因素影响，不仅仅取决于径流流量。

表 5.7　不同冲刷强度下冲刷前后表土颗粒特性及组成

冲刷强度	项目	体积平均粒径 /um	比表面积 /（m²/g）	颗粒组成 /%				
				石砾	粗砂粒	细砂粒	粉粒	黏粒
300L/h	冲刷前表土	180.89	1.19	62.45	12.43	10.87	10.11	4.14
	冲刷后表土	264.75	0.83	60.02	19.04	9.99	7.93	3.02
	冲后－冲前	83.86	−0.36	−2.43	6.61	−0.88	−2.18	−1.12
500L/h	冲刷前表土	158.16	1.14	65.46	10.79	10.87	9.24	3.64
	冲刷后表土	195.22	1.05	66.39	11.30	10.10	9.01	3.20
	冲后－冲前	37.06	−0.09	0.93	0.51	−0.77	−0.23	−0.44
700L/h	冲刷前表土	149.42	1.21	62.82	10.77	11.54	10.72	4.15
	冲刷后表土	251.45	0.88	62.73	17.19	9.32	7.79	2.97
	冲后－冲前	102.03	−0.33	−0.09	6.42	−2.22	−2.93	−1.18

5.3.2　不同冲刷强度下侵蚀泥沙颗粒特性及组成

　　不同冲刷强度下侵蚀泥沙颗粒特性及组成见表 5.8。300L/h、500L/h、700L/h 冲刷强度下侵蚀泥沙体积平均粒径分别为 274.19um、281.78um、247.54um，其中 700L/h 冲刷强度下侵蚀泥沙体积平均粒径最小。侵蚀泥沙比表面积从大到小依次为 300L/h 时、700L/h 时、500L/h 冲刷强度下，其中 500L/h 冲刷强度下冲刷侵蚀泥沙比表面积最小。3 种冲刷强度下侵蚀泥沙中粒径大于 2mm 的颗粒（石砾）含量相差不大，均在 50% 左右，石砾含量最高的是 500L/h 冲刷强度下。300L/h、500L/h、700L/h 冲刷强度下侵蚀泥沙中砂粒含量分别为 37.26%、36.62%、36.60%。3 种冲刷强度下侵蚀泥沙中粉粒含量、黏粒含量均较接近,其中 300L/h、500L/h、700L/h 冲刷强度下侵蚀泥沙中粉粒含量分别为 9.89%、9.69%、11.02%,黏粒含量分别为 3.69%、3.17%、3.59%。综合来看,3 种冲刷强度下侵蚀泥沙均以石砾、砂粒为主,含量都在 85% 以上。

与冲刷前表土比较,侵蚀泥沙体积平均粒径有所增加,300L/h、500L/h、700L/h 冲刷强度下侵蚀泥沙体积平均粒径分别为表土的 1.52 倍、1.78 倍、1.66 倍。比表面积均较冲刷前表土有所减少,300L/h、500L/h、700L/h 冲刷强度下分别为冲刷前表土的 68%、64%、65%,变化幅度基本相当。从不同粒径组来看,侵蚀泥沙中粒径大于 2mm 的颗粒(石砾)含量较冲刷前表土均减少,约为冲刷前的 80%。侵蚀泥沙中砂粒含量均比冲刷前表土增加,但增加幅度相差不大,300L/h、500L/h、700L/h 冲刷强度下侵蚀泥沙中砂粒含量分别是冲刷前表土的 1.58 倍、1.70 倍、1.66 倍。3 种冲刷强度下侵蚀泥沙中粉粒含量与冲刷前表土均较接近;黏粒含量较冲刷前表土小,约为冲刷前表土黏粒含量的 90%。

表 5.8　不同冲刷强度下侵蚀泥沙颗粒特性及组成

冲刷强度	项目	体积平均粒径 /um	比表面积 / (m²/g)	颗粒组成 /%				
				石砾	粗砂粒	细砂粒	粉粒	黏粒
300L/h	泥沙	274.19	0.81	49.16	23.08	14.18	9.89	3.69
	泥沙:冲刷前表土	1.52	0.68	0.79	1.86	1.30	0.98	0.89
500L/h	泥沙	281.78	0.73	50.52	24.13	12.49	9.69	3.17
	泥沙:冲刷前表土	1.78	0.64	0.77	2.24	1.15	1.05	0.87
700L/h	泥沙	247.54	0.79	48.79	22.38	14.22	11.02	3.59
	泥沙:冲刷前表土	1.66	0.65	0.78	2.08	1.23	1.03	0.87

5.3.3　不同冲刷强度下侵蚀泥沙颗粒特性及组成随时间的变化

不同冲刷强度下侵蚀泥沙颗粒特性及组成随时间的变化见表 5.9。300 L/h、500L/h、700L/h 三种冲刷强度下,随着冲刷过程的推进,体积平均粒径总的变化趋势是不断增大,其中 300 L/h 冲刷强度下侵蚀泥沙体积粒径增幅较明显。3 种冲刷强度下侵蚀泥沙比表面积随时间上下波动,其中 700 L/h 冲刷强度下波动最为剧烈。500L/h、700L/h 冲刷强度下,侵蚀泥沙中石砾含量随着时间的变化逐渐减小,而 300 L/h 冲刷强度下侵蚀泥沙中石砾含量随着时间的变化,其变化规律不明显。就侵蚀泥沙中砂粒含量而言,3 种冲刷强度下,砂粒含量随着时间的变化呈增加趋势,其中 500L/h、700L/h 冲刷强度下侵蚀泥沙中砂粒含量增加趋势最为明显。500L/h、700L/h 冲刷强度下,侵蚀泥沙中粉粒、黏粒含量均表现出增加的趋势，而 300 L/h 冲刷强度下侵蚀泥沙中粉粒、黏粒含量在前 10min 里逐渐增大，后 10min 里波动明显。比较 3 种冲刷强度下侵蚀泥沙中粉粒、黏粒含量随时间的变化过程（图 5.1～图 5.3），发现虽然粉粒和黏粒含量有较大差异，但其变化趋势几乎完全相同，表明在同一冲刷强度下，径流对粉粒和黏粒的搬运作用相当。

表 5.9　不同冲刷强度下侵蚀泥沙颗粒特性及组成随时间的变化

冲刷强度	时间 /min	体积平均粒径 /um	比表面积 / (m²/g)	颗粒组成 /%				
				石砾	粗砂粒	细砂粒	粉粒	黏粒
300L/h	2	209.39	0.88	60.70	14.72	12.83	8.65	3.10
	4	248.78	0.83	53.00	21.55	12.88	9.02	3.55
	6	220.37	1.02	61.55	13.65	12.31	8.91	3.58
	8	293.02	0.82	39.65	26.49	17.85	11.55	4.46
	10	277.89	0.83	33.84	29.52	18.12	13.54	4.98
	12	379.75	0.68	62.51	20.63	8.72	5.85	2.29
	14	241.81	0.80	42.50	23.61	18.06	11.78	4.05
	16	316.08	0.65	54.40	24.69	10.89	7.39	2.63
	18	273.22	0.79	37.72	29.15	16.39	12.35	4.39
	20	281.62	0.78	45.79	26.77	13.70	9.91	3.83
500L/h	2	295.49	0.54	65.78	18.21	10.00	4.42	1.59
	4	220.05	0.92	78.58	8.54	5.99	5.11	1.78
	6	258.66	0.78	57.56	19.34	11.31	8.82	2.97
	8	304.70	0.69	62.87	18.38	9.09	7.41	2.25
	10	253.70	0.81	42.18	25.35	15.63	12.66	4.18
	12	290.78	0.71	50.74	24.72	12.09	9.34	3.11
	14	269.70	0.78	47.47	23.57	14.33	11.01	3.62
	16	296.82	0.71	38.86	30.88	14.44	11.99	3.83
	18	326.44	0.66	28.47	38.16	16.25	12.97	4.15
	20	301.44	0.70	32.73	34.15	15.80	13.16	4.16
700L/h	2	248.64	0.75	70.25	13.16	8.79	5.80	2.00
	4	213.19	0.80	62.43	16.17	10.66	8.06	2.68
	6	198.39	0.84	50.12	18.98	15.87	11.28	3.75
	8	270.97	0.77	55.08	21.28	11.17	9.39	3.08
	10	288.62	0.74	49.15	24.62	12.98	9.91	3.34
	12	266.50	0.73	38.62	28.61	16.20	12.66	3.91
	14	216.53	0.86	39.83	23.71	17.53	14.30	4.63

续表

冲刷强度	时间 /min	体积平均粒径 /um	比表面积 /（m²/g）	颗粒组成 /%				
				石砾	粗砂粒	细砂粒	粉粒	黏粒
700L/h	16	247.32	0.84	47.29	22.58	14.21	11.98	3.94
	18	246.31	0.77	41.14	24.89	17.15	12.80	4.02
	20	278.93	0.78	33.98	29.84	17.60	14.00	4.58

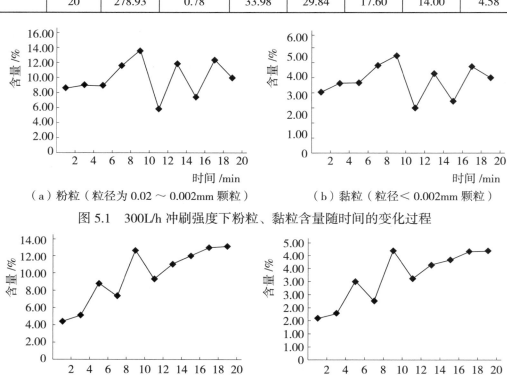

（a）粉粒（粒径为 0.02 ~ 0.002mm 颗粒）　　　（b）黏粒（粒径＜ 0.002mm 颗粒）

图 5.1　300L/h 冲刷强度下粉粒、黏粒含量随时间的变化过程

（a）粉粒（粒径为 0.02 ~ 0.002mm 颗粒）　　　（b）黏粒（粒径＜ 0.002mm 颗粒）

图 5.2　500L/h 冲刷强度下粉粒、黏粒含量随时间的变化过程

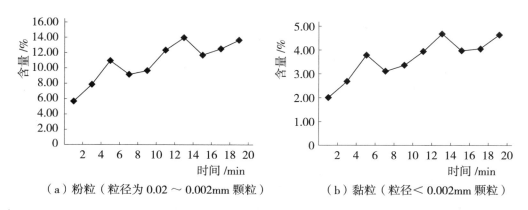

（a）粉粒（粒径为 0.02 ~ 0.002mm 颗粒）　　　（b）黏粒（粒径＜ 0.002mm 颗粒）

图 5.3　700L/h 冲刷强度下粉粒、黏粒含量随时间的变化过程

5.4　地表覆盖状况对侵蚀泥沙颗粒特征的影响

5.4.1　不同覆盖度下冲刷前后表土颗粒特性及组成

不同覆盖度下冲刷前后表土颗粒特性及组成见表 5.10。不同覆盖度下，冲刷后表土体积平均粒径较冲刷前均增加，而比表面积均减小。无覆盖、30% 覆盖度、60% 覆盖度下，冲刷后石砾含量都有增加，而 90% 覆盖度下，冲刷后石砾含量减小。比较冲刷前后表土的砂粒含量，无覆盖、30% 覆盖度、60% 覆盖度下，冲刷后砂粒含量下降，90% 覆盖度下砂粒含量上升。不同覆盖度下，冲刷前后表土粉粒、黏粒含量呈相同变化规律，即冲刷后表土粉粒、黏粒含量比冲刷前均有一定程度降低。

比较不同冲刷强度下各指标的变化值，在 30% 覆盖度下，体积平均粒径增加值较大，增加了 78.65um，增加率为 37.40%，其次为无覆盖，增加了 37.06um，增加率为 23.43%，最小的为 60% 覆盖度下，增加了 13.31um，增加率为 5.70%。无覆盖和 90% 覆盖度下，冲刷前后表土比表面积的变化值相同，均减小了 0.09m²/g，减小最多的为 60% 覆盖度下。从各粒径组含量变化幅度来看，无覆盖、30% 覆盖度、60% 覆盖度、90% 覆盖度下粒径含量变化幅度分别为 1.44%、6.55%、5.97%、2.26%，从大到小依次为 30% 覆盖度、60% 覆盖度、90% 覆盖度、无覆盖。

表 5.10　不同覆盖度下冲刷前后表土颗粒特性及组成

覆盖度	项目	体积平均粒径 /um	比表面积 / （m²/g）	颗粒组成 /%				
				石砾	粗砂粒	细砂粒	粉粒	黏粒
无覆盖	冲刷前表土	158.16	1.14	65.46	10.79	10.87	9.24	3.64
	冲刷后表土	195.22	1.05	66.39	11.30	10.10	9.01	3.20
	冲后－冲前	37.06	−0.09	0.93	0.51	−0.77	−0.23	−0.44
30% 覆盖度	冲刷前表土	210.28	0.96	63.08	14.99	10.63	8.06	3.24
	冲刷后表土	288.93	0.84	69.15	15.47	7.24	5.77	2.37
	冲后－冲前	78.65	−0.12	6.07	0.48	−3.39	−2.29	−0.87
60% 覆盖度	冲刷前表土	233.35	1.00	60.08	16.72	11.02	8.53	3.65
	冲刷后表土	246.66	0.83	66.05	15.54	9.27	6.62	2.52
	冲后－冲前	13.31	−0.17	5.97	−1.18	−1.75	−1.91	−1.13
90% 覆盖度	冲刷前表土	183.83	1.10	61.78	13.66	11.01	9.68	3.87
	冲刷后表土	207.17	1.01	60.70	15.92	10.63	9.10	3.65
	冲后－冲前	23.34	−0.09	−1.08	2.26	−0.38	−0.58	−0.22

5.4.2　不同覆盖度下侵蚀泥沙颗粒特性及组成

不同覆盖度下侵蚀泥沙颗粒特性及组成见表 5.11。无覆盖、30% 覆盖度、60% 覆盖度、90% 覆盖度下侵蚀泥沙体积平均粒径为 281.78um、200.50um、281.77um、277.83 um，30% 覆盖度下侵蚀泥沙体积平均粒径最小。无覆盖、30% 覆盖度、60% 覆盖度、90% 覆盖度下比表面积从大到小依次为 30% 覆盖度、90% 覆盖度、60% 覆盖度、无覆盖，覆盖度为 30% 时侵蚀泥沙比表面积最大。无覆盖、30% 覆盖度、60% 覆盖度、90% 覆盖度下侵蚀泥沙中粒径大于 2mm 的颗粒（石砾）含量分别为 50.52%、34.27%、29.66%、23.59%，随着覆盖度的增加，粒径大于 2mm 的颗粒（石砾）含量减少。无覆盖、30% 覆盖度、60% 覆盖度、90% 覆盖度下侵蚀泥沙中砂粒含量分别为 36.62%、42.83%、51.64%、53.64%，随着覆盖度的增加，侵蚀泥沙中砂粒含量递增。30% 覆盖度、60% 覆盖度、90% 覆盖度下侵蚀泥沙中粉粒含量分别为 17.45%、14.13%、17.48%，黏粒含量分别为 5.45%、4.57%、5.29%，无覆盖时粉粒、黏粒含量分别为 9.69%、3.17%，有覆盖时侵蚀泥沙中粉粒、黏粒含量都要明显高于无覆盖时。

与冲刷前表土比较，除 30% 覆盖度下，其他情况下侵蚀泥沙体积平均粒径均高于冲刷前表土。无覆盖、30% 覆盖度、60% 覆盖度、90% 覆盖度下侵蚀泥沙比表面积均小于冲刷前表土，60% 覆盖度下减少的幅度最小，基本跟冲刷前表土相同。无覆盖、30% 覆盖度、60% 覆盖度、90% 覆盖度下侵蚀泥沙中石砾含量均要小于冲刷前表土，分别为冲刷前表土石砾含量的 77%、54%、49%、38%，随着覆盖度的增加，减小的幅度愈小。无覆盖、30% 覆盖度、60% 覆盖度、90% 覆盖度下侵蚀泥沙中砂粒含量和粉粒含量都要高于冲刷前表土。至于黏粒含量，无覆盖时黏粒含量小于冲刷前表土，而有覆盖时均高于冲刷前表土。

表 5.11　不同覆盖度下侵蚀泥沙颗粒特性及组成

覆盖度	项目	体积平均粒径 /um	比表面积 / (m²/g)	颗粒组成 /%				
				石砾	粗砂粒	细砂粒	粉粒	黏粒
无覆盖	泥沙	281.78	0.73	50.52	24.13	12.49	9.69	3.17
	泥沙：冲刷前表土	1.78	0.64	0.77	2.24	1.15	1.05	0.87
30% 覆盖度	泥沙	200.50	0.94	34.27	21.42	21.41	17.45	5.45
	泥沙：冲刷前表土	0.95	0.98	0.54	1.43	2.01	2.16	1.68
60% 覆盖度	泥沙	281.77	0.75	29.66	29.72	21.92	14.13	4.57
	泥沙：冲刷前表土	1.21	0.75	0.49	1.78	1.99	1.66	1.25
90% 覆盖度	泥沙	273.83	0.80	23.59	31.17	22.47	17.48	5.29
	泥沙：冲刷前表土	1.49	0.73	0.38	2.28	2.04	1.81	1.37

5.4.3 不同覆盖度下侵蚀泥沙颗粒特性及组成随时间的变化

不同覆盖度下侵蚀泥沙颗粒特性及组成随时间的变化见表 5.12。从总的变化趋势来看，60% 覆盖度、90% 覆盖度下，随着冲刷时间的延续，体积平均粒径增加趋势、比表面积减少趋势均较明显，冲刷后 10min 的体积平均粒径明显高于冲刷前 10min，而冲刷后 10min 的比表面积明显低于冲刷前 10min；30% 覆盖度下，体积平均粒径有随时间变化而逐渐增大的趋势，但在冲刷后 10min 呈剧烈变化，比表面积有随时间变化而逐渐减小的趋势，但整个冲刷过程变化幅度不大；无覆盖时，体积平均粒径在 280um 上下波动，比表面积在 0.73m²/g 上下波动，变化规律不明显。无覆盖、90% 覆盖度下，石砾含量随着时间的变化逐渐减小，30% 覆盖度下石砾含量随时间的变化波动明显，60% 覆盖度下，石砾含量在初期随着时间的变化不断减小，12min 后逐渐增加。无覆盖、30% 覆盖度、60% 覆盖度、90% 覆盖度下，砂粒含量随着时间的变化有不断增加的趋势，但在 30% 覆盖度下波动较大。至于粉粒、黏粒含量，无覆盖时，粉粒、黏粒含量随着时间的变化呈增加趋势，60% 覆盖度、90% 覆盖度下，粉粒、黏粒含量呈减少趋势，而在 30% 覆盖度下，粉粒、黏粒含量随时间的变化没有明显变化。

表 5.12 不同覆盖度下侵蚀泥沙颗粒特性及组成随时间的变化

覆盖度	时间/min	体积平均粒径/um	比表面积/（m²/g）	颗粒组成/%				
				石砾	粗砂粒	细砂粒	粉粒	黏粒
无覆盖	2	295.49	0.54	65.78	18.21	10.00	4.42	1.59
	4	220.05	0.92	78.58	8.54	5.99	5.11	1.78
	6	258.66	0.78	57.56	19.34	11.31	8.82	2.97
	8	304.70	0.69	62.87	18.38	9.09	7.41	2.25
	10	253.70	0.81	42.18	25.35	15.63	12.66	4.18
	12	290.78	0.71	50.74	24.72	12.09	9.34	3.11
	14	269.70	0.78	47.47	23.57	14.33	11.01	3.62
	16	296.82	0.71	38.86	30.88	14.44	11.99	3.83
	18	326.44	0.66	28.47	38.16	16.25	12.97	4.15
	20	301.44	0.70	32.73	34.15	15.80	13.16	4.16
30% 覆盖度	2	160.39	1.20	42.30	12.46	19.87	19.06	6.31
	4	140.50	1.04	45.86	12.79	20.19	16.11	5.05
	6	162.32	1.11	27.41	18.52	23.64	23.20	7.23
	8	174.35	0.74	36.85	18.58	22.63	18.37	3.57

续表

覆盖度	时间 /min	体积平均 粒径 /um	比表面积 / (m²/g)	颗粒组成 /%				
				石砾	粗砂粒	细砂粒	粉粒	黏粒
30% 覆盖度	10	182.60	1.06	50.41	14.07	16.66	14.13	4.73
	12	286.38	0.83	27.50	31.59	19.74	15.74	5.43
	14	249.82	0.85	19.41	31.75	25.12	17.55	6.17
	16	172.79	0.96	15.17	25.96	27.90	23.77	7.20
	18	213.63	0.85	46.35	21.26	16.73	11.57	4.09
	20	262.22	0.79	31.40	27.23	21.63	14.99	4.75
60% 覆盖度	2	176.46	1.09	34.40	8.09	25.09	25.09	7.33
	4	242.71	0.81	31.95	24.07	23.24	16.02	4.72
	6	144.75	0.93	28.01	16.33	27.99	22.06	5.61
	8	211.54	0.72	31.38	27.73	23.73	12.84	4.32
	10	346.57	0.71	24.81	35.18	22.58	12.64	4.79
	12	381.74	0.59	21.57	43.37	19.80	11.21	4.05
	14	324.95	0.64	27.44	35.83	21.24	11.41	4.08
	16	352.84	0.53	28.58	36.72	22.60	8.78	3.32
	18	367.04	0.70	35.89	32.30	16.54	11.31	3.96
	20	369.10	0.59	32.59	37.59	16.42	9.93	3.47
90% 覆盖度	2	178.15	1.00	39.02	17.62	20.21	17.81	5.34
	4	142.83	1.02	34.93	15.90	23.09	20.39	5.69
	6	140.04	0.99	23.92	15.31	29.89	24.42	6.46
	8	252.02	0.83	18.37	30.70	26.10	18.89	5.94
	10	280.84	0.77	20.93	34.13	22.93	16.58	5.43
	12	414.29	0.61	15.06	45.20	20.06	15.20	4.48
	14	279.41	0.79	15.99	36.71	23.75	17.59	5.96
	16	394.34	0.65	22.76	41.02	18.08	13.71	4.43
	18	321.41	0.72	25.94	35.45	18.90	15.04	4.67
	20	335.01	0.64	18.97	39.61	21.74	15.20	4.48

5.5 本章小结

（1）无论是新弃土、老弃土还是自然土，冲刷后表土的体积平均粒径、粒径大于2mm的颗粒（石砾）都有所增加，粒径为 0.02～0.2mm 的颗粒（细砂粒）、0.002～0.002mm的颗粒（粉粒）及粒径小于 0.002mm 的颗粒（黏粒）含量都有一定程度的减少。新弃土冲刷后表土比表面积减少，粒径为 0.2～2mm 的颗粒（粗砂粒）增加，老弃土、自然土的变化趋势则相反。新弃土、老弃土、自然土侵蚀泥沙中石砾和砂粒含量之和分别占 87.12%、89.17%、60.34%，新弃土、老弃土侵蚀泥沙中的颗粒以石砾和砂粒为主，这与自然土有很大的不同。新弃土、老弃土、自然土侵蚀泥沙中石砾含量（粒径大于 2mm 颗粒组）都表现出随时间变化而变小的趋势。新弃土、老弃土侵蚀泥沙中砂粒含量随着时间的变化而增加，自然土侵蚀泥沙中砂粒变化幅度不大。新弃土、老弃土侵蚀泥沙中粉粒和黏粒含量之和随着时间的变化而增加，而自然土中粉粒含量和黏粒含量之和较稳定，波动区间为60.75%～75.16%。

（2）不同坡度下冲刷后表土体积平均粒径均增加，而比表面积、粉粒含量、黏粒含量均减小。侵蚀泥沙体积平均粒径、比表面积随着坡度增加而减小。5°、15°、25° 时侵蚀泥沙中石砾与砂粒含量之和分别为 86.70%、86.32%、87.12%，侵蚀泥沙均以石砾和砂粒为主，且石砾与砂粒含量之和随着坡度的增加而增加。总体来看，不同坡度下侵蚀泥沙中石砾含量随着时间的变化而减少。15°、25° 时侵蚀泥沙中粉粒和黏粒含量呈增加趋势。

（3）300L/h、500L/h、700L/h 冲刷强度下冲刷后体积平均粒径均增加，比表面积均减少，表土粉粒、黏粒含量均较冲刷前减少。300L/h、500L/h、700L/h 冲刷强度下侵蚀泥沙体积平均粒径分别为 264.75um、195.22um、251.45um。侵蚀泥沙比表面积从大到小依次为 300L/h、700L/h、500L/h 冲刷强度时。3 种冲刷强度下侵蚀泥沙均以石砾、砂粒为主，都在 85% 以上。3 种冲刷强度下体积平均粒径总的变化趋势是不断增大，比表面积则随时间的变化而上下波动，其中 700 L/h 冲刷强度下波动最为剧烈。3 种冲刷强度下砂粒含量随着时间的变化呈增加趋势。500L/h、700L/h 冲刷强度下，侵蚀泥沙中粉粒、黏粒含量均表现出增加的趋势，而 300 L/h 冲刷强度下侵蚀泥沙中粉粒、黏粒含量在前 10min 里逐渐增大，后 10min 波动明显。

（4）不同覆盖度下冲刷后表土体积平均粒径较冲刷前均增加，而比表面积均减小。不同覆盖度下，冲刷后表土粉粒、黏粒含量均比冲刷前有一定程度降低。无覆盖、30%覆盖度、60% 覆盖度、90% 覆盖度下侵蚀泥沙体积平均粒径为 195.22um、288.93um、246.66um、207.16um，比表面积从大到小依次为 30% 覆盖度下、90% 覆盖度下、60% 覆盖度下、无覆盖。侵蚀泥沙中大于 2mm 的颗粒（石砾）含量随着覆盖度的增加而减少，砂粒含量随着覆盖度的增加而增加。30% 覆盖度、60% 覆盖度、90% 覆盖度下侵蚀泥沙中粉粒、黏粒含量都要明显高于无覆盖裸地。无覆盖、30% 覆盖度、60% 覆盖度、90% 覆盖度下，砂粒含量随着时间的变化有不断增加的趋势。

第6章　矿区堆积土重金属随径流泥沙流失特征研究

重金属污染作为重要的水土环境问题之一，长期以来受到环保专家的关注。重金属随降雨径流迁移是造成大面积重金属非点源污染的根本原因，因此土壤重金属流失迁移特征研究得到了越来越多学者的关注。梁涛等对太湖上游西苕溪流域5种代表性土地类型重金属随地表径流沉积物相的迁移过程进行了研究[158]。国内外其他相关研究则主要集中于城市或公路界面重金属随地表径流的迁移[159]，如田鹏等对北京北三环径流中颗粒物附着重金属状况进行了研究[160]，甘华阳等对广州地区公路路面径流中重金属污染特征进行了研究[161]。

在大宝山矿区，一些学者对矿区土壤、水体的重金属污染情况进行了研究，但对其迁移特征研究不多。已有研究表明，绝大部分重金属随地表径流的流失是通过吸附在泥沙颗粒上以迁移实现的[158]。因此，研究重金属随径流泥沙流失特征具有重要意义。

6.1　堆积时间对矿区堆积土重金属流失特征的影响

6.1.1　不同堆积土侵蚀泥沙重金属含量随径流时间的变化

不同堆积土侵蚀泥沙重金属含量随时间的变化过程如图6.1所示。

新弃土侵蚀泥沙中Cd含量为18.81～71.90mg/kg，Pb含量为1509.14～1841.46mg/kg，Zn含量为1426.37～2327.49 mg/kg，Cu含量为1461.96～1993.49 mg/kg。老弃土侵蚀泥沙中Cd含量为10.22～71.37mg/kg，Pb含量为1504.22～1663.23mg/kg，Zn含量为1511.11～1841.58mg/kg，Cu含量为1380.01～1765.30 mg/kg。新弃土、老弃土中Cd、Pb、Zn、Cu四种重金属的含量随时间变化而波动，特别是Cd含量波动最为剧烈。在冲刷的前12min内，新弃土侵蚀泥沙中Cd含量增加迅速，在12min时达到峰值，随后振荡式下降。老弃土侵蚀泥沙中Cd含量在前4min内增加，第6min时有小幅下降，随后又有所增加，到8min时达到峰值，10min后呈近似直线下降，到16min时达到最低值，

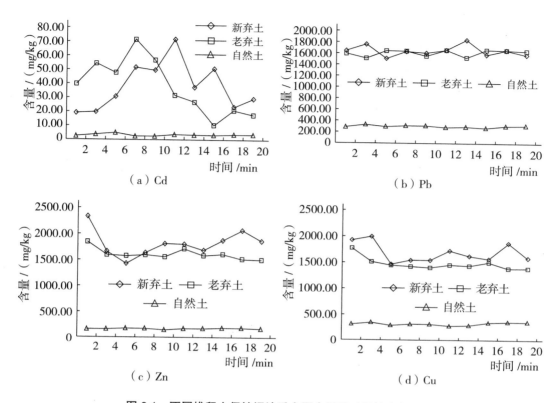

图 6.1　不同堆积土侵蚀泥沙重金属含量随时间的变化过程

随后又有所增加。自然土侵蚀泥沙中 Cd 含量为 2.27 ～ 4.82mg/kg，Pb 含量为 227.49 ～ 328.43mg/kg，Zn 含量为 159.42 ～ 190.21mg/kg，Cu 含量为 283.54 ～ 357.22mg/kg，Cd、Pb、Zn、Cu 的含量在冲刷过程中随时间的变化而显得较平稳。梁涛等对太湖上游西苕溪流域 5 种代表性土地类型重金属随地表径流沉积物相的迁移过程进行了研究，该研究中重金属含量随时间的变化趋势与本书研究中的自然土类似，变化幅度没有新弃土、老弃土大，这可能与自然土土壤，特别是表层土具较好的均质性有关。

比较相同时刻不同堆积土侵蚀泥沙中重金属含量，可以看出：①在所有时刻，新弃土、老弃土中 Cd、Pb、Zn、Cu 含量都要高于自然土，这与老弃土、自然土有较高的重金属含量有关；②新弃土、老弃土侵蚀泥沙中 Pb、Zn 含量随时间的变化，变化曲线相互交错，重金属含量大小交替变化。在所有时刻，新弃土中 Cu 的含量都要高于老弃土。以 10min 为界，前 10min 老弃土侵蚀泥沙中 Cd 的含量都要大于相同时刻新弃土侵蚀泥沙中 Cd 的含量，10min 后正好相反，新弃土侵蚀泥沙中 Cd 的含量都要大于老弃土侵蚀泥沙中相同时刻 Cd 的含量。

新弃土、老弃土、自然土侵蚀泥沙重金属平均含量如图 6.2 所示。

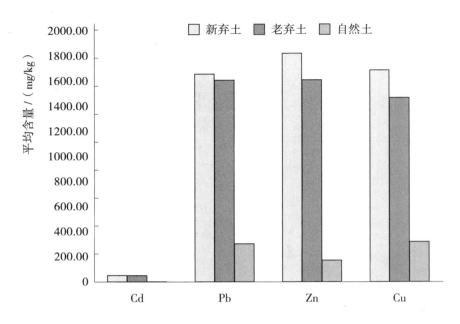

图 6.2　不同堆积土侵蚀泥沙重金属平均含量

新弃土、老弃土、自然土侵蚀泥沙中 Cd 的平均含量分别为 38.41mg/kg、37.62mg/kg、3.36mg/kg，Pb 的平均含量分别为 1647.75mg/kg、1607.08mg/kg、304.57 mg/kg，Zn 的平均含量分别为 1818.16mg/kg、1611.58mg/kg、177.66mg/kg，Cu 的平均含量分别为 1683.91mg/kg、1465.13mg/kg、322.89mg/kg。新弃土侵蚀泥沙中重金属平均含量最高，老弃土次之，自然土最小。新弃土、老弃土侵蚀泥沙中 Cd、Pb、Zn、Cu 含量都普遍高于自然土，新弃土侵蚀泥沙中 Cd、Pb、Zn、Cu 平均含量分别是自然土侵蚀泥沙的 11.43 倍、5.41倍、10.23 倍、5.22 倍，而新弃土、老弃土侵蚀泥沙中重金属含量相差不大。

6.1.2　矿区堆积土重金属流失率随时间的变化

将单位时间内、单位面积上重金属随侵蚀泥沙流失的质量定义为流失率，不同堆积土侵蚀泥沙重金属流失率随时间的变化过程如图 6.3 所示。从总体上来看，新弃土、老弃土侵蚀泥沙中 Cd、Pb、Zn、Cu 的流失率随时间的变化均呈下降趋势，其中新弃土的下降幅度最大。除 Cd 外，新弃土侵蚀泥沙中 Pb、Zn、Cu 随时间的变化，其变化过程基本相似，在前 6min，重金属流失率随时间的变化直线下降，第 8min 时有所增加，随后下降，在第10min 时达最低值后开始上升，14min 时出现峰值，14min 后呈近似直线下降。新弃土侵蚀泥沙中 Cd 的流失率在前 4min 内下降，之后增加，在第 8min 时达到峰值，随后下降，再上升，在 12min 时达到峰值，12min 后一直下降。老弃土侵蚀泥沙中 Cd、Pb、Zn、Cu 的含量随时间的变化，其变化过程基本相似，除在第 4min、第 6min 时有波动外，整个冲刷过程中均呈下降趋势，在前 10min 下降幅度较大，10min 后下降幅度趋于平缓。相比新弃土、老弃土，在冲刷的 20min 里，自然土流失率变化较平缓。

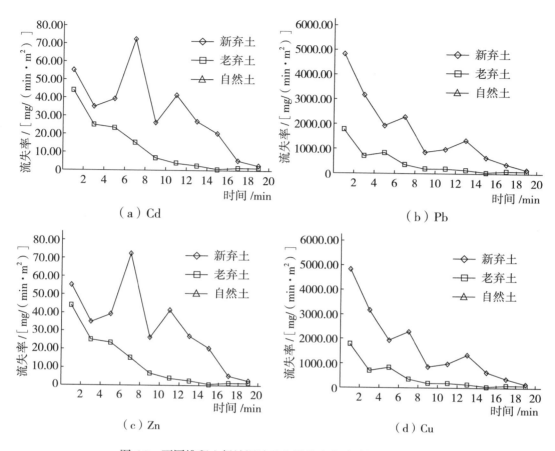

图 6.3　不同堆积土侵蚀泥沙重金属流失率随时间的变化过程

比较相同时刻不同堆积土侵蚀泥沙重金属流失率，Cd、Pb、Zn、Cu 这 4 种重金属流失率均表现出相同的规律，即流失率从大到小依次为新弃土、老弃土、自然土，在所有时刻，新弃土重金属流失率都要高于老弃土，而自然土最小。20min 内新弃土、老弃土、自然土侵蚀泥沙中 Cd 的平均流失率为 32.55mg/（min•m²）、12.18mg/（min•m²）、0.09 mg/（min•m²），Pb 的平均流失率为 1648.98mg/（min•m²）、432.10mg/（min•m²）、8.07 mg/（min•m²），Zn 的平均流失率为 1854.35mg/（min•m²）、460.14mg/（min•m²）、4.92 mg/（min•m²），Cu 的平均流失率为 1742.63mg/（min•m²）、429.47mg/（min•m²）、8.69 mg/（min•m²），新弃土的重金属平均流失率最高，其次为老弃土，最小的是自然土，新弃土侵蚀泥沙中 Cd、Pb、Zn、Cu 的流失率分别是自然土的 361.67 倍、204.33 倍、376.90 倍、200.53 倍，老弃土侵蚀泥沙中 Cd、Pb、Zn、Cu 的流失率分别是自然土的 135.33 倍、53.54 倍、93.52 倍、49.42 倍，新弃土、老弃土重金属平均流失率要远远高于自然土。

从整个冲刷过程看，在冲刷初期，新弃土、老弃土侵蚀泥沙重金属平均流失率较大。以 Cd 为例，新弃土前 8min 平均流失率为 50.56 mg/（min•m²），后期（8min 以后）平均流失率为 20.55mg/（min•m²），前 8min 平均流失率是后期的 2.46 倍；老弃土侵蚀泥沙前 8min 平均流失率是 26.70mg/（min•m²），后期（8min 以后）平均流失率为 2.50mg/（min•m²），前 8min 平均流失率是后期的 10.68 倍。新弃土、老弃土有明显的初期冲刷效应，即在产流初期重金属流失率较高。甘华阳等对公路路面径流重金属污染特征进行了研究[161]，也发现基于浓度的初期冲洗现象明显，即径流发生的初始阶段浓度最高。

6.1.3　矿区堆积土重金属累积流失量随时间的变化

不同堆积土侵蚀泥沙重金属累积流失量随时间的变化过程如图 6.4 所示。

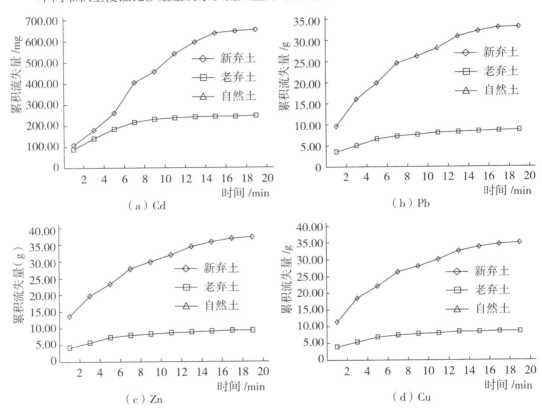

图 6.4　不同堆积土侵蚀泥沙重金属累积流失量随时间的变化过程

如图所示，不同堆积土侵蚀泥沙重金属累积流量随时间的变化，变化幅度最大的是新弃土，其次是老弃土，最小的是自然土。相同时刻累积产沙量从大到小依次为新弃土、老弃土、自然土，其中新弃土、老弃土在相同时刻的累积流失量要显著高于自然土。在冲刷的 20min 里，新弃土、老弃土、自然土侵蚀泥沙中的累积流失量分别是：Cd 为 651.00mg、243.62mg、1.79mg，Pb 为 32.98g、8.64g、0.16g，Zn 为 37.09g、9.20g、0.10g，Cu 为 34.85g、8.59g、0.17g，新弃土侵蚀泥沙中 Cd、Pb、Zn、Cu 的累积流失量是自然土的 363.69 倍、206.13 倍、370.90 倍、205.00 倍，老弃土侵蚀泥沙中 Cd、Pb、Zn、Cu 的累积流失量是自然土的 136.10 倍、54.00 倍、92.00 倍、50.53 倍。在相同时段内，新弃土、老弃土重金属流失总量要远远高于自然土。

6.2　坡度对矿区堆积土重金属流失特征的影响

6.2.1　不同坡度下侵蚀泥沙重金属含量随时间的变化

不同坡度下侵蚀泥沙重金属含量随时间的变化过程如图 6.5 所示。25° 时，侵蚀泥沙中 Cd 的含量变化剧烈，在 12min 时出现极值，而 Pb、Zn、Cu 含量均在一定范围内上下波动。15° 时，除 Cd 外，Pb、Zn、Cu 平均含量在总体上随时间的变化呈下降趋势，侵蚀泥沙中 Cd 含量在前 8min 下降，8min 后增加，在 10min 时达到峰值，随后平缓下降。5° 时，侵蚀泥沙中 Cd、Pb、Zn、Cu 含量均随时间平稳下降。根据以上分析可知，当坡度增加时，侵蚀泥沙中重金属含量波动更明显，而在较小坡度下，重金属含量变化相对平缓。

5°、15°、25° 时侵蚀泥沙中 Cd 的平均含量分别为 12.71mg/kg、19.88mg/kg、38.41mg/kg，Pb 的平均含量为分别 1407.22mg/kg、1601.85mg/kg、1647.75mg/kg，Zn 的平均含量分别为 1364.96mg/kg、1765.47mg/kg、1818.16mg/kg，Cu 的平均含量分别为 1465.91mg/kg、1697.47mg/kg、1683.91mg/kg。除 Cu 外，Cd、Pb、Zn 平均含量均随坡度增加而增加。15°、25° 时侵蚀泥沙中 Cu 的含量相差很小，且都要高于 5° 时侵蚀泥沙中 Cu 的平均含量，均约是 5° 时的 1.15 倍。

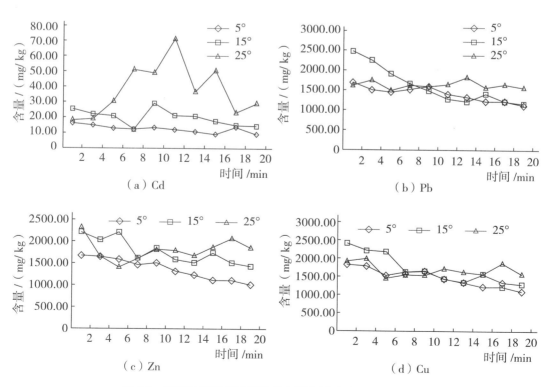

图 6.5　不同坡度下侵蚀泥沙重金属含量随时间的变化过程

6.2.2　不同坡度下侵蚀泥沙重金属流失率随时间的变化

不同坡度下侵蚀泥沙重金属流失率随时间变化的过程如图 6.6 所示。

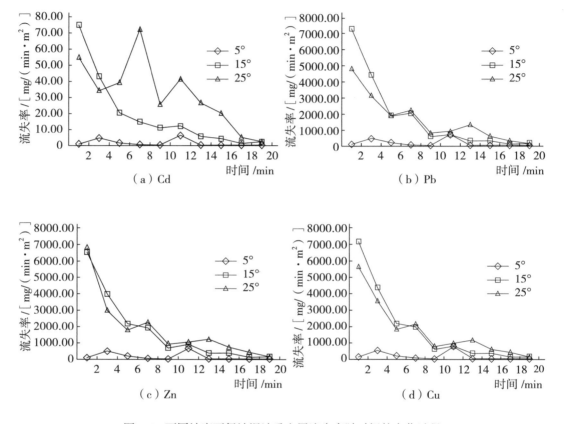

图 6.6　不同坡度下侵蚀泥沙重金属流失率随时间的变化过程

25° 时，除 Cd 外，Pb、Zn、Cu 流失率总体上呈下降趋势，且变化过程基本相似，在前 6min 直线下降，第 8min 时突然上升，8min 后又开始下降，到 10min 时达到最小值，之后开始上升，在 14min 时达到峰值后开始下降。25° 时，Cd 含量在 4—12min 时段内波动较大，在其他时段呈下降趋势。15° 时，Cd、Pb、Zn、Cu 含量变化趋势基本相同，在前 10min 急剧下降，10min 后略有波动，但下降趋势明显。5° 时，重金属流失率呈双峰型变化，分别在第 4min、第 12min 时出现峰值。

比较相同时刻 Cd、Pb、Zn、Cu 流失率，15°、25° 时侵蚀泥沙重金属流失率大小交错变化，但 4 种重金属流失率在所有时刻都要高于 5° 时。5°、15°、25° 时侵蚀泥沙重金属平均流失率分别是：Cd 为 1.64mg/（min•m²）、19.07mg/（min•m²）、32.55 mg/（min•m²），Pb 为 179.23mg/（min•m²）、1788.71mg/（min•m²）、1648.98 mg/（min•m²），Zn 为

178.46mg/（min·m²）、1748.40mg/（min·m²）、1854.35 mg/（min·m²），Cu 为 191.38mg/（min·m²）、1809.89mg/（min·m²）、1742.63 mg/（min·m²）。Cd 和 Zn 的平均流失率表现出随坡度增加而增加的趋势，25°时侵蚀泥沙平均流失率最高，其中 Cd 和 Zn 的平均流失率分别是 5°时的 19.85 倍、10.39 倍。Pb 和 Cu 的平均流失率从大到小依次为 15°时、25°时、5°时，5°时最小，15°时最大。

6.2.3　不同坡度下侵蚀泥沙重金属累积流失量随时间的变化

不同坡度下侵蚀泥沙重金属累积流失量随时间的变化过程如图 6.7 所示。

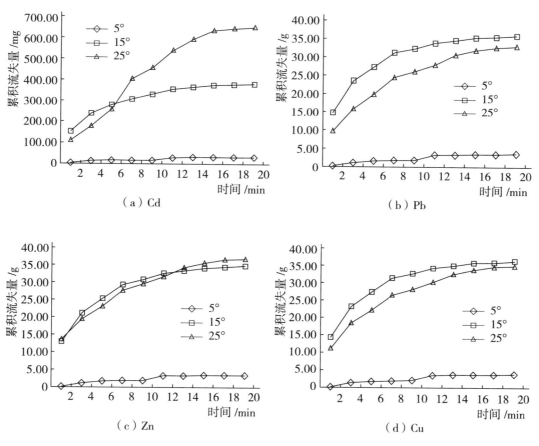

图 6.7　不同坡度下侵蚀泥沙重金属累积流失量随时间的变化过程

从累积流失量来看，Cd、Pb、Zn、Cu 这 4 种重金属累积流失量在 15°、25°时变化幅度相差不明显，但都明显大于 5°时。在相同时刻，Pb 和 Cu 的累积流失量表现出相同的规律，即从大到小依次为 15°时、25°时、5°时。在前 6min，15°时侵蚀泥沙中 Cd 的累积流失量最大，其次为 25°时，最小的为 5°时。6min 后，侵蚀泥沙中 Cd 的累积流失量从大到小依次为 25°时、15°时、5°时，累积流失量随坡度增加而增大。15°时，侵蚀泥沙中 Zn

的累积流失量在前 14min 里一直较 25° 时和 5° 时大，14min 后，略小于 25° 时。5°、15°、25° 时，20min 侵蚀泥沙累积流失量分别是：Cd 为 32.72mg、381.48mg、651.00mg，Pb 为 3.58g、35.77g、32.98g，Zn 为 3.57g、34.97g、37.09g，Cu 为 3.83g、36.20g、34.85g，侵蚀泥沙中 Cd 的累积流失量随坡度增加而增加，25° 时侵蚀泥沙累积流失量是 5° 时的 19.90 倍。侵蚀泥沙中 Pb、Zn、Cu 累积流失量均以 15° 时最大，其次为 25° 时，5° 时最小，15° 时和 25° 时侵蚀泥沙重金属累积流失量相差不大，但都要高于 5° 时。

6.3　冲刷强度对矿区堆积土重金属流失特征的影响

6.3.1　不同冲刷强度下侵蚀泥沙重金属含量随时间的变化

　　不同冲刷强度下侵蚀泥沙重金属含量随时间的变化过程如图 6.8 所示。不同冲刷强度下，侵蚀泥沙重金属含量均在一定范围内波动，以 Cd 的波动最剧烈。从相同时刻侵蚀泥沙重金属含量看，300L/h、500L/h、700L/h 这 3 种冲刷强度下，侵蚀泥沙中 Cd、Pb、Zn、Cu 这 4 种重金属含量随时间变化的曲线相互交替，没有明显的大小变化规律。300L/h、

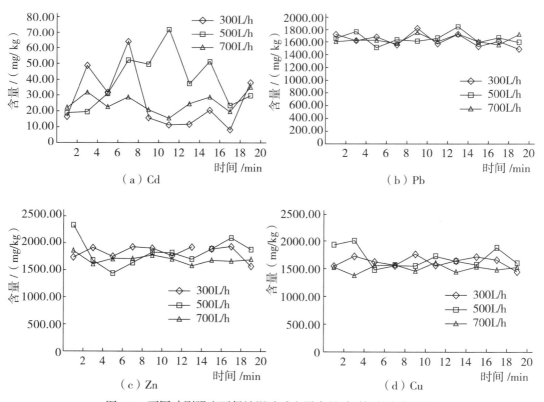

图 6.8　不同冲刷强度下侵蚀泥沙重金属含量随时间的变化过程

500L/h、700L/h 冲刷强度下重金属平均含量是：Cd 为 26.70mg/kg、38.41mg/kg、25.20mg/kg，Pb 为 1628.29mg/kg、1647.75mg/kg、1638.07mg/kg，Zn 为 1823.87mg/kg、1818.16mg/kg、1695.78mg/kg，Cu 为 1616.29mg/kg、1683.91mg/kg、1507.54mg/kg，Cd、Pb、Cu 的含量均以 500L/h 冲刷强度下最大。Zn 的含量以 300L/h 冲刷强度下最大，其次为 500L/h 冲刷强度下，最小的为 700L/h 冲刷强度下，表现出随冲刷强度增加而减小的规律。

6.3.2　不同冲刷强度下侵蚀泥沙重金属流失率随时间的变化

不同冲刷强度下侵蚀泥沙重金属流失率随时间的变化过程如图 6.9 所示。

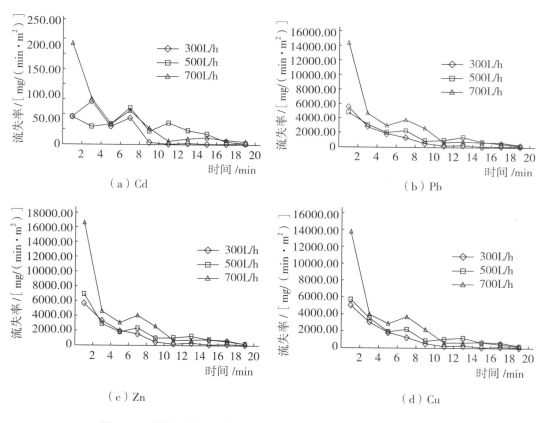

图 6.9　不同冲刷强度下侵蚀泥沙重金属流失率随时间的变化过程

700L/h 冲刷强度下，Cd、Pb、Zn、Cu 这 4 种重金属流失率随时间的变化趋势基本相同，在冲刷的前 6min，重金属含量急剧下降，6min 后开始增加，第 8min 时出现局部极值，随后流失率开始减小。500L/h、300L/h 冲刷强度下，总的来看，重金属流失率随时间变化而减小，但 Cd 的流失率在前 12min 波动较大，随后平稳下降。比较相同时刻重金属流失率，在冲刷的前 10min，Cd、Pb、Zn、Cu 的流失率均以 700L/h 冲刷强度下最大，10min 后，3 种冲刷强度下重金属流失率变化曲线相互交错，没有明显的大小变化规律。

300L/h、500L/h、700L/h 冲刷强度下侵蚀泥沙重金属平均流失率分别是: Cd 为 24.08mg/（min•m²）、32.55mg/（min•m²）、48.36 mg/（min•m²），Pb 为 1290.61mg/（min•m²）、1648.98mg/（min•m²）、3169.10 mg/（min•m²），Zn 为 1397.22mg/（min•m²）、1854.35mg/（min•m²）、3437.87mg/（min•m²），Cu 为 1240.47mg/（min•m²）、1742.63mg/（min•m²）、2946.80mg/（min•m²），均表现出相同的规律，即随着冲刷流量的增加，侵蚀泥沙重金属平均流失率增加。以 Cd 为例，300L/h、500L/h、700L/h 冲刷强度下平均流失率比例为 1 ∶ 1.35 ∶ 2.01，700L/h 冲刷强度下 Cd 的平均流失率是 300L/h 冲刷强度下的 2.01 倍。

6.3.3　不同冲刷强度下侵蚀泥沙重金属累积流失量随时间的变化

不同冲刷强度下侵蚀泥沙重金属累积流失量随时间的变化过程如图 6.10 所示。在所有时刻，侵蚀泥沙中 Zn、Cu 的累积流失量均以 700L/h 冲刷强度下最大，其次为 500L/h 冲刷强度下，最小的为 300L/h 冲刷强度下。进一步进行方差分析发现，300L/h 和 500L/h 冲刷

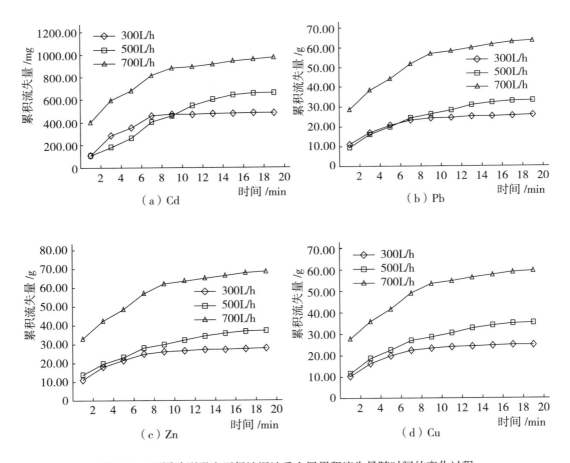

图 6.10　不同冲刷强度下侵蚀泥沙重金属累积流失量随时间的变化过程

强度下侵蚀泥沙中 Zn、Cu 的累积流失量差异不显著，但都要显著小于 700L/h 冲刷强度下。在不同冲刷强度下，侵蚀泥沙中 Cd、Pb 的累积流失量表现出相同趋势，即在所有时刻，700L/h 冲刷强度下侵蚀泥沙中 Cd、Pb 的累积流失量均要高于 300L/h 和 500L/h 冲刷强度下，而在冲刷的前 8min（Cd 在前 10min），300L/h 冲刷强度下侵蚀泥沙累积流失量要高于 500L/h 冲刷强度下，之后大小顺序正好相反。

300L/h、500L/h、700L/h 冲刷强度下侵蚀泥沙重金属累积流失量分别是：Cd 为 481.64mg、651.00mg、967.13mg，Pb 为 25.81g、32.98g、63.38g，Zn 为 27.94g、37.09g、68.76g，Cu 为 24.81g、34.85g、58.94g，侵蚀泥沙中 4 种重金属累积流失量均表现出随冲刷强度增加而增加的规律。

6.4　地表覆盖状况对矿区堆积土重金属流失特征的影响

6.4.1　不同覆盖度下侵蚀泥沙重金属含量随时间的变化

不同覆盖度下侵蚀泥沙重金属含量随时间的变化过程如图 6.11 所示。不同覆盖度

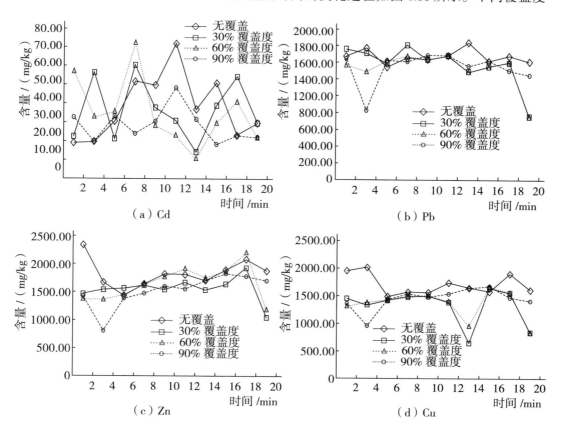

图 6.11　不同覆盖度下侵蚀泥沙重金属含量随时间的变化过程

下，侵蚀泥沙重金属含量随时间的波动没有明显的变化趋势，重金属含量表现出随机性、脉动性的特点。无覆盖、30% 覆盖度、60% 覆盖度、90% 覆盖度下，侵蚀泥沙重金属平均含量分别是：Cd 为 38.41mg/kg、36.51mg/kg、35.51mg/kg、28.24mg/kg，Pb 为 1647.75mg/kg、1541.07mg/kg、1492.83mg/kg、1498.65 mg/kg，Zn 为 1818.16mg/kg、1542.40mg/kg、1653.81mg/kg、1513.71mg/kg，Cu 为 1683.91mg/kg、1305.58mg/kg、1342.86mg/kg、1422.67mg/kg，均以无覆盖时的平均含量最高，表明有覆盖条件下侵蚀泥沙重金属含量减小明显。比较不同覆盖度下的重金属平均含量，只有 Cd 的含量表现出随覆盖度增加而减小的规律。

6.4.2　不同覆盖度下侵蚀泥沙重金属流失率随时间的变化

不同覆盖度下侵蚀泥沙重金属流失率随时间的变化过程如图 6.12 所示。从侵蚀泥沙重金属流失率随时间变化的变化幅度来看，以无覆盖条件下最为剧烈，而 30% 覆盖度、60% 覆盖度、90% 覆盖度下的侵蚀泥沙重金属率变化幅度没有明显差异。无覆盖、30% 覆盖度、60% 覆盖度、90% 覆盖度下，侵蚀泥沙重金属平均流失率分别是：Cd 为 447.69mg/kg、

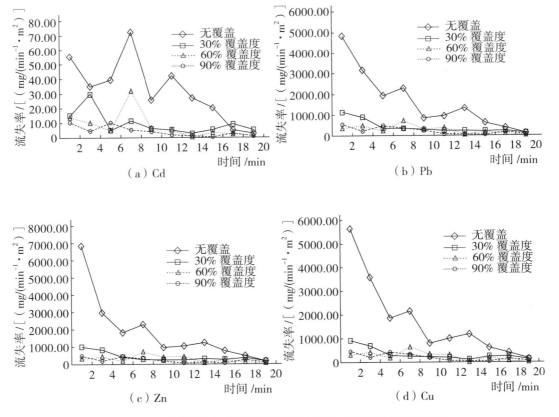

图 6.12　不同覆盖度下侵蚀泥沙重金属流失率随时间的变化过程

126.36mg/kg、117.03mg/kg、60.67mg/kg，Pb 为 1648.98mg/kg、402.43mg/kg、294.28mg/kg、210.64mg/kg，Zn 为 1854.35mg/kg、382.03mg/kg、305.02mg/kg、196.38mg/kg，Cu 为 1742.63mg/kg、333.24mg/kg、264.61mg/kg、191.28mg/kg，均以无覆盖时的平均流失率最高。随着覆盖度的增加，重金属流失率下降，表明植被覆盖能有效减少重金属的迁移量。

6.4.3　不同覆盖度下侵蚀泥沙重金属累积流失量随时间的变化

不同覆盖度下侵蚀泥沙重金属累积流失量随时间的变化过程如图 6.13 所示。

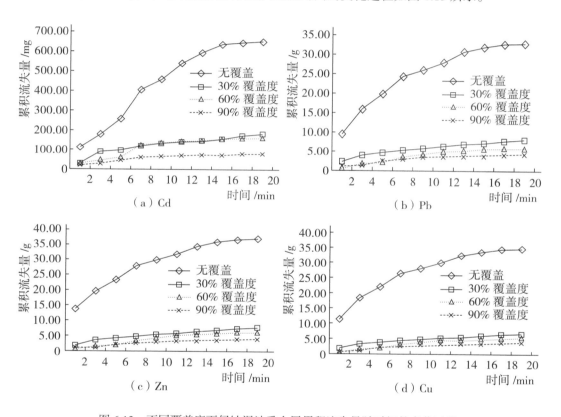

图 6.13　不同覆盖度下侵蚀泥沙重金属累积流失量随时间的变化过程

无覆盖时，Cd、Pb、Zn、Cu 这 4 种重金属的累积流失量变化幅度都要大于有覆盖时，而 30% 覆盖度、60% 覆盖度、90% 覆盖度下的累积径流量变化幅度相差不大。比较相同时刻累积径流量，在所有时刻，无覆盖时累积流量都要高于有覆盖时。30% 覆盖度、60% 覆盖度、90% 覆盖度下，在相同时刻，Pb、Zn、Cu 的累积流量从大到小依次为 30% 覆盖度、60% 覆盖度、90% 覆盖度下，Cd 的累积流失量在前 8min，30% 覆盖度下累积流失量最大，8min 后，30% 覆盖度、60% 覆盖度下的累积流失量相差不大，但都高于 90% 覆盖度下。无覆盖、30% 覆盖度、60% 覆盖度、90% 覆盖度下，20min 重金属累积流失量分别是：Cd 为 651.00mg、782.86mg、162.26mg、80.64mg，Pb 为 32.98g、8.05g、5.89g、4.21g，

Zn 为 37.09g、7.64g、6.10g、3.93g，Cu 为 34.85g、6.66g、5.29g、3.83g，均表现出随着覆盖度增加，相同时段重金属累积流失量减小的规律。以上分析表明，有覆盖条件下侵蚀泥沙重金属累积流失量要远远小于无覆盖条件下。但 30% 覆盖度、60% 覆盖度、90% 覆盖度下累积流失量差异不显著，这可能与试验条件有关，试验时仅将五节芒叶平铺在坡面上，缺少根系的固结网络作用及地上部拦截、分散径流的作用，导致植被的综合防护效果没有表现出来。

6.5 水土流失量与重金属迁移量的相关性

为揭示径流及泥沙流失对重金属迁移的影响效应，设径流量为 X_1，含沙量为 X_2，产沙率为 X_3，侵蚀泥沙中 Cd 含量为 Y_1，Cd 流失率为 Y_2，Pb 含量为 Y_3，Pb 流失率为 Y_4，Zn 含量为 Y_5，Zn 流失率为 Y_6，Cu 含量为 Y_7，Cu 流失率为 Y_8，进行相关分析，结果见表 6.1。

由表 6.1 可以看出，径流泥沙中 Cd、Pb、Zn、Cu 含量与径流量有极显著正相关关系，径流泥沙中 Cd、Pb、Zn、Cu 的流失率与径流含沙量、产沙率有极显著正相关关系，表明径流及泥沙流失对重金属的迁移有显著影响。可见，要控制重金属对外部环境的危害，必须治理矿区水土流失，控制泥沙随径流下泄进入下游生态系统。

表 6.1　水土流失量与重金属迁移量相关矩阵（n=15）

指标	X_1	X_2	X_3	Y_1	Y_2	Y_3	Y_4	Y_5	Y_6	Y_7	Y_8
X_1	1										
X_2	0.363	1									
X_3	0.448	0.991**	1								
Y_1	0.777**	0.244	0.293	1							
Y_2	0.558*	0.853**	0.867**	0.609*	1						
Y_3	0.991**	0.392	0.467	0.785**	0.565*	1					
Y_4	0.457	0.987**	0.999**	0.292	0.855**	0.475	1				
Y_5	0.984**	0.443	0.514*	0.764**	0.584*	0.986**	0.524*	1			
Y_6	0.429	0.982**	0.991**	0.243	0.807**	0.45	0.995**	0.507	1		
Y_7	0.971**	0.521*	0.588*	0.743**	0.641*	0.977**	0.596*	0.995**	0.580*	1	
Y_8	0.424	0.985**	0.993**	0.239	0.812**	0.445	0.996**	0.501	1.000**	0.575*	1

注　* 表示 α=0.05 显著水平，** 表示 α=0.01 显著水平。

6.6　本章小结

（1）新弃土、老弃土 Cd、Pb、Zn、Cu 含量随时间变化而波动，特别是 Cd 含量波动最为剧烈，而自然土 Cd、Pb、Zn、Cu 含量在冲刷过程中随时间的变化而显得较平稳。从重金属平均含量来看，新弃土、老弃土侵蚀泥沙中 Cd、Pb、Zn、Cu 平均含量普遍高于自然土，新弃土侵蚀泥沙中 Cd、Pb、Zn、Cu 平均含量分别是自然土的 11.43 倍、5.41 倍、10.23 倍、5.22 倍，而新弃土、老弃土侵蚀泥沙重金属含量相差不大。新弃土、老弃土侵蚀泥沙中 Cd、Pb、Zn、Cu 流失率随时间均呈下降趋势，其中新弃土的下降幅度较老弃土大。Cd、Pb、Zn、Cu 四种重金属相同时刻流失率从大到小依次为新弃土、老弃土、自然土。从整个冲刷过程看，在冲刷初期，新弃土、老弃土侵蚀泥沙重金属平均流失率较大，新弃土、老弃土有明显的初期冲刷效应。在冲刷的 20min 里，新弃土侵蚀泥沙中 Cd、Pb、Zn、Cu 累积流失量是自然土的 361.67 倍、204.33 倍、376.90 倍、200.53 倍，老弃土侵蚀泥沙中 Cd、Pb、Zn、Cu 累积流失量是自然土的 135.33 倍、53.54 倍、93.52 倍、49.42 倍，在相同时段内，新弃土、老弃土重金属流失总量远远高于自然土。

（2）当坡度增加时，侵蚀泥沙重金属含量波动更明显，而在较小坡度下，重金属含量变化相对平缓。除 Cu 外，Cd、Pb、Zn 平均含量均随坡度增加而增加。15° 时、25° 时侵蚀泥沙中 Cu 的含量基本相等，均约是 5° 时的 1.15 倍，都要高于 5° 时侵蚀泥沙中 Cu 的平均含量。25° 时，除 Cd 外，侵蚀泥沙中 Pb、Zn、Cu 的流失率总体上呈下降趋势。15° 时，Cd、Pb、Zn、Cu 含量变化趋势基本相同，在前 10min 急剧下降，10min 后略有波动，但下降趋势明显，幅度较平稳。5° 时，重金属流失率呈双峰型变化。Cd 和 Zn 的平均流失率表现出随坡度增加而增加的趋势，25° 时侵蚀泥沙平均流失率最高，25° 时 Cd 和 Zn 的平均流失率是 5° 时的 19.85 倍、10.39 倍。Pb 和 Cu 的平均流失率从大到小依次为 15° 时、25° 时、5° 时，5° 时最小，15° 时最大。从累积流失量来看，4 种重金属累积流失量在 15°、25° 时变化幅度相差不明显，但都明显大于 5° 时。

（3）不同冲刷强度下，侵蚀泥沙重金属含量均在一定范围内波动，重金属含量随时间变化的曲线相互交替，没有明显的大小变化规律，以 Cd 的波动最剧烈。不同冲刷强度下侵蚀泥沙重金属平均流失率均表现出相同的规律，即随着冲刷流量的增加，侵蚀泥沙重金属平均流失率增加。300L/h、500L/h、700L/h 冲刷强度下侵蚀泥沙重金属累积流失量分别是：Cd 为 481.64mg、651.00mg、967.13mg，Pb 为 25.81g、32.98g、63.38g，Zn 为 27.94g、37.09g、68.76g，Cu 为 24.81g、34.85g、58.94g，侵蚀泥沙中 4 种重金属累积流失量均表现出随冲刷强度增加而增加的规律。

（4）不同覆盖度下，侵蚀泥沙重金属含量随时间的波动没有明显的变化趋势，重金属含量表现出随机性、脉动性的特点。比较相同时刻不同覆盖度下侵蚀泥沙重金属流失率，在所有时刻，无覆盖时 Pb、Zn、Cu 重金属流失率都要高于有覆盖时。有覆盖时侵蚀泥沙重金属累积流失量远远小于无覆盖时。但 30% 覆盖度、60% 覆盖度、90% 覆盖度下累积流失量差异不显著，这可能与试验条件有关，试验时仅将五节芒叶平铺在坡面上，缺少根系的固结网络作用及地上部拦截、分散径流的作用，导致植被的综合防护效果没有表现出来。

第7章 矿区土壤重金属污染评价与基质改良

重金属具有很高的生物毒性，其进入土壤后，通过一系列物理、化学过程的迁移转化，以一种或多种形态长期驻留在环境中，最终通过食物链等途径危及人类健康，其污染具有隐蔽性、长期性、不可逆性和后果严重性等特点[162]。矿床的开采和选冶，使地下一定深度的矿物暴露于地表环境，致使矿物的化学组成和物理状态发生改变，常常将其中的重金属等有毒元素释放到环境中。因此，多金属矿山，特别是露天开采矿山普遍存在重金属污染问题，矿山开采引起的环境问题已引起越来越多的关注[163-164]。

重金属毒性以及酸性的毒害作用是影响植物定居的主要因素之一。可以通过添加改良剂改变重金属在土壤中的存在形态使其固定，降低其在环境中的迁移性和生物可利用性，从而实现污染土壤修复和植被恢复，这是一条比较有效的途径。在重金属污染区进行植被重建工作，寻找和发现适合当地土壤条件的基质改良剂非常重要。

在金属矿山，极端的酸性促进了废弃物中重金属的溶解，加剧了废弃地的环境污染，石灰等碱性物质常用于中和废弃物的酸性。矿区退化土壤有机质及营养元素缺乏，有机肥或有机废弃物，如污泥、垃圾可作为土壤添加剂，并在某种程度上充当一种缓慢释放的营养源，同时可通过螯合中性盐溶态的有毒金属降低其毒性。

利用高等植物的生长状况检测土壤污染程度，是从生态学角度衡量土壤健康状况、评价土壤质量的重要方法之一，该方法的应用范围已扩展到对废物倾倒点、土壤污染现场以及土壤生物修复过程进行生态毒理评价。种子萌芽之后，根始终暴露于土壤介质中，根的伸长能敏感地反映根际土壤的急性毒性。利用高等植物生态毒理试验，如大麦根伸长试验来快速测试污染土壤与改良剂不同比例混合物的毒性，结合混合物中重金属生物有效性的化学提取试验，初步筛选出有效的改良剂及其添加量，是一种简便且可靠的生物测试方法。

根据大宝山矿水土保持方案，排土场土壤将规划用作矿区后期植被恢复覆土。本章对大宝山矿凡洞采矿区土壤进行了采样、分析和污染状况评价。在此基础上，以排土场土壤为研究对象，以熟石灰、猪粪为改良剂，设计了不同的改良剂配比方案，并对改良后土壤进行理化性质分析、重金属含量检测、重金属各形态含量分析以及改良后土壤的生物毒性分析，在室内筛选出改良效果显著的改良方案，以便为后续的野外实地土壤改良和植被恢复打好基础。

7.1 矿区土壤重金属污染评价

7.1.1 采样点概况

共采集 27 个土壤样品，采样点基本情况见表 7.1。

表 7.1 采样点基本情况

样品编号	采样点	现状	备注
1	开采平台	开采已结束，局部人工恢复植被，植被覆盖度约为 30%，优势植物为棕叶芦	铁矿，靠近内排土场
2	选矿工业场地	自然恢复植被，植被覆盖度约为 40%，优势植物为纤毛鸭嘴草	铁选厂附近
3	内排土场	人工恢复植被，植被覆盖度约为 60%，优势植物为乌毛蕨	760 边坡坡脚
4	内排土场	人工恢复植被，植被覆盖度约为 70%，优势植物为铺地黍	781 边坡坡脚
5	内排土场	人工恢复植被，植被覆盖度约为 90%，优势植物为象草	821 平台边坡
6	凡洞生活区	自然恢复植被，植被覆盖度约为 50%，优势植物为芒萁	铜矿场附近
7	2 号弃渣堆	为铜硫矿地下掘进产生的弃渣，局部有人工恢复植被，植被覆盖度约为 70%，优势植物为五节芒	弃渣堆位于铜选厂附近，取样点位于弃渣堆西南坡脚
8	选矿工业场地	自然恢复植被，植被覆盖度约为 70%，优势植物为葛藤	铁选厂附近
9	1 号弃渣堆	为铜硫矿地下掘进产生的弃渣，局部人工恢复植被，植被覆盖度约为 30%，优势植物为夹竹桃	弃渣堆位于进厂公路旁，取样点位于弃渣堆东北边坡
10	选矿工业场地	自然恢复植被，植被覆盖度约为 70%，优势植物为泡桐	铜选厂附近
11	2 号弃渣堆	为铜硫矿地下掘进产生的弃渣，局部人工恢复植被，植被覆盖度约为 60%，优势植物为马尾松	弃渣堆位于铜选厂附近，取样点位于弃渣堆东南坡脚
12	内排土场	自然恢复植被，植被覆盖度约为 70%，优势植物为阴香	内排土场坡脚，靠近凡洞生活区
13	选矿工业场地	人工恢复植被，植被覆盖度约为 90%，优势植物为杉木	铁选厂公路边坡

续表

样品编号	采样点	现状	备注
14	开采平台	开采已结束，完全裸露	铁矿
15	选矿工业场地	施工迹地，完全裸露	铜选厂附近，靠近进矿公路
16	内排土场	排土已结束，完全裸露	781 边坡
17	内排土场	排土已结束，完全裸露	805 平台
18	内排土场	排土已结束，完全裸露	721 平台
19	开采平台	铜矿开采已结束，完全裸露	铜矿
20	开采平台	铁矿正在开采，完全裸露	铁矿
21	1 号弃渣堆	为铜硫矿地下掘进产生的弃渣，完全裸露	弃渣堆位于进矿公路旁，取样点位于弃渣堆顶部平台
22	2 号弃渣堆	为铜硫矿地下掘进产生的弃渣，完全裸露	弃渣堆位于铜选厂附近，取样点位于弃渣堆顶部平台
23	凡洞生活区	空闲地，完全裸露	职工食堂对面山坡
24	李屋排土场	主要堆放铁矿露采剥离弃土，完全裸露	下部
25	李屋排土场	主要堆放铁矿露采剥离弃土，完全裸露	上部
26	李屋排土场	主要堆放铁矿露采剥离弃土，完全裸露	中部
27	凡洞生活区	空闲地，完全裸露	至凡洞村村道旁

7.1.2　矿区土壤重金属含量

大宝山矿区不同采样点土壤中 Cd、Pb、Zn、Cu 含量见表 7.2。从表中可以看出，27 个土壤样品中重金属的平均含量分别是：Cd 为 13.71mg/kg、Pb 为 906.24mg/kg、Zn 为 755.53mg/kg、Cu 为 1414.16mg/kg，都明显高于广东省土壤重金属背景值。27 个土壤样品中 Cd 的含量为 2.20～63.20mg/kg，含量最高的是 21 号样品，采样点位于 1 号弃渣堆顶部平台，其含量为广东省土壤 Cd 背景值的 1000 多倍。Pb 的含量为 31.60～2802.40mg/kg，含量最高的是 20 号样品，采样点位于铁矿露采区开采平台，其含量约为广东省土壤 Pb 背景值的 78 倍。Zn 的含量为 4.20～3402.10mg/kg，Cu 的含量为 121.40～5101.70mg/kg，含量最高的均为 21 号样品，分别约为广东省土壤 Zn、Cu 背景值的 72 倍和 300 倍。

表 7.2　大宝山矿区不同采样点土壤中 Cd、Pb、Zn、Cu 含量　　　　单位：mg/kg

样品编号或对比	Cd	Pb	Zn	Cu
1	13.00±1.23	952.20±25.15	509.20±12.90	1424.20±117.95
2	8.00±0.12	859.60±45.32	1680.00±119.24	1083.20±84.55
3	13.40±0.48	1020.80±166.89	360.60±5.99	785.60±26.86

续表

样品编号或对比	Cd	Pb	Zn	Cu
4	23.60±0.16	1179.40±198.84	333.00±11.22	1253.80±91.48
5	5.80±0.17	1413.80±174.67	1162.60±61.59	1217.00±51.48
6	3.40±0.15	80.00±4.69	1143.80±69.85	229.20±6.42
7	7.40±0.26	1748.20±83.94	1477.20±111.25	1530.00±82.32
8	3.00±0.30	459.20±68.40	568.20±18.65	668.80±15.77
9	2.40±0.25	1306.60±81.65	974.00±20.57	1376.20±102.43
10	3.80±0.02	418.20±34.76	1115.40±96.07	575.00±11.26
11	2.20±0.08	44.80±2.46	799.40±1.72	324.00±11.85
12	14.20±0.03	656.00±11.84	663.60±33.88	2286.00±105.35
13	5.40±0.16	99.80±3.80	90.80±7.76	121.40±13.36
14	5.70±0.32	754.40±31.26	21.40±3.21	1071.30±54.29
15	4.90±0.09	31.60±7.98	4.20±0.15	2160.90±107.77
16	15.20±3.14	1211.00±47.36	346.30±21.44	1031.20±103.21
17	15.90±2.03	1207.10±108.22	57.60±3.26	1537.50±79.41
18	24.10±4.86	613.20±46.79	461.30±14.22	1564.60±42.58
19	22.40±3.17	321.90±19.47	338.50±13.69	2617.70±61.36
20	19.80±2.03	2802.40±27.35	311.70±7.12	2271.40±107.32
21	63.20±7.14	2771.20±13.44	3402.10±103.49	5101.70±113.21
22	43.70±6.37	560.30±12.68	213.30±12.87	3027.10±112.12
23	2.90±0.79	157.10±3.17	37.40±3.14	356.20±13.14
24	12.10±1.57	884.60±43.33	506.70±44.69	1403.50±39.57
25	10.30±1.50	954.60±127.43	1562.30±35.81	1434.50±45.02
26	20.70±3.40	1665.90±512.94	1963.90±241.86	1440.10±241.86
27	3.80±1.31	294.60±77.64	294.70±11.79	290.30±44.03
最小值	2.20	31.60	4.20	121.40
最大值	63.20	2802.40	3402.10	5101.70
平均值	13.71	906.24	755.53	1414.16
标准差	13.70	731.22	763.76	1046.86
变异系数 /%	99.88	80.69	101.09	74.03
广东省土壤重金属背景值	0.06	36.00	47.30	17.00
《土壤环境质量标准》（GB 15618—1995）	0.30	300.00	250.00	100.00

7.1.3　矿区土壤重金属污染评价

大宝山矿区不同土壤样品中 Cd、Pb、Zn、Cu 单因子污染指数、内梅罗综合污染指数见表 7.3。从表中可以看出，27 个土壤样品中 Cd 单因子污染指数为 7.33 ～ 210.67，所有样品的单因子污染指数都大于 1。Pb 单因子污染指数为 0.11 ～ 9.34，27 个样品中有 21 个样品的 Pb 单因子污染指数大于 1，超标率为 77.8%，6 号、11 号、13 号等 6 个样品的 Pb 单因子污染指数小于 1，表明这些采集点的土壤尚未受到 Pb 的污染。至于 Zn，单因子污染指数为 0.02 ～ 13.61，有 21 个样品的 Zn 单因子污染指数大于 1，超标率为 77.8%。Cu 单因子污染指数为 1.21 ～ 51.02，所有样品的 Cu 单因子污染指数都大于 1。Cd、Pb、Zn、Cu 单因子污染指数的平均值分别为 45.72、3.02、3.02、14.14，土壤受 Cd、Cu 的污染最为严重。

从内梅罗综合污染指数来看，27 个土壤样品的内梅罗综合污染指数为 5.74 ～ 157.23，所有样品的内梅罗综合污染指数都大于 3，根据表 7.1 所述标准，这表明矿区土壤受重金属污染已相当严重。内梅罗综合污染指数最高的是 21 号样品，采样点位于 1 号弃渣堆顶部平台，内梅罗综合污染指数为 157.23，原因在于弃渣的主要来源是早期地下掘进开采过程中产生的弃石、弃渣，它们含有大量的金属硫化物，这些金属硫化物在空气中长期暴露，其中的重金属毒害元素释放到环境中，导致 Cd、Pb、Zn、Cu 等重金属在土壤中形成一定的积累，造成污染。内梅罗综合污染指数最低的是 11 号样品，采样点位于 2 号弃渣堆东南坡脚，局部人工恢复植被，植被覆盖度约为 60%，优势植物为马尾松，可能的原因是在种植过程中加入了石灰、有机肥等，从而对土壤进行了改良，使单位质量土壤中重金属含量降低，内梅罗综合污染指数相应变小。

表 7.3　大宝山矿区不同土壤样品中 Cd、Pb、Zn、Cu 单因子污染指数、内梅罗综合污染指数

样品编号	单因子污染指数				内梅罗综合污染指数
	Cd	Pb	Zn	Cu	
1	43.33	3.17	2.04	14.24	32.59
2	26.67	2.87	6.72	10.83	20.61
3	44.67	3.40	1.44	7.86	33.17
4	78.67	3.93	1.33	12.54	58.18
5	19.33	4.71	4.65	12.17	15.46
6	11.33	0.27	4.58	2.29	8.65
7	24.67	5.83	5.91	15.30	19.69
8	10.00	1.53	2.27	6.69	7.94
9	8.00	4.36	3.90	13.76	11.08
10	12.67	1.39	4.46	5.75	9.93

样品编号	单因子污染指数				内梅罗综合污染指数
	Cd	Pb	Zn	Cu	
11	7.33	0.15	3.20	3.24	5.74
12	47.33	2.19	2.65	22.86	36.00
13	18.00	0.33	0.36	1.21	13.21
14	19.00	2.51	0.09	10.71	14.60
15	16.33	0.11	0.02	21.61	16.70
16	50.67	4.04	1.39	10.31	37.70
17	53.00	4.02	0.23	15.38	39.61
18	80.33	2.04	1.85	15.65	59.48
19	74.67	1.07	1.35	26.18	55.87
20	66.00	9.34	1.25	22.71	49.86
21	210.67	9.24	13.61	51.02	157.23
22	145.67	1.87	0.85	30.27	107.74
23	9.67	0.52	0.15	3.56	7.27
24	40.33	2.95	2.03	14.04	30.39
25	34.33	3.18	6.25	14.35	26.36
26	69.00	5.55	7.86	14.40	51.70
27	12.67	0.98	1.18	2.90	9.49
平均值	45.72	3.02	3.02	14.14	34.68

7.2 基质改良

7.2.1 改良剂对土壤理化性质的影响

土壤改良后，对其理化性质进行分析。经不同处理后的土壤物理性质见表 7.4，其中处理 1 为对照样品土壤。从表中可以得出，经过改良，土壤容重比对照值均有所降低，容重最低为处理 6，由 1.35 降低到 1.10。毛管孔隙度、总孔隙度都有所增加，其中都以处理 6、处理 7 增加最为明显。土壤的最大持水量随着改良剂的添加明显增加，最大持水量增加最多的是处理 4，由 39.17% 增长到 51.33%。土壤的最小持水量随着改良剂的添加显著增加，最小持水量增长最多的是处理 3，由 19.32% 增长到 33.92%。由此可以看出，改良剂显著提升了矿区土壤的物理性状，土壤孔隙度增加，土壤黏粒增多，同时土壤的持水性能有了显著增强，使其更加适宜植物生长。

表 7.4 经不同处理后的土壤物理性质

处理	容重 /（g/cm³）	毛管孔隙度 /%	总孔隙度 /%	最大持水量 /%	最小持水量 /%
1	1.35	43.28	43.50	39.17	19.32
2	1.28	47.59	50.11	37.82	31.07
3	1.28	49.79	52.61	37.49	33.92
4	1.15	50.59	54.01	51.33	31.58
5	1.19	51.02	53.42	45.55	32.62
6	1.10	52.47	57.49	42.25	33.23
7	1.15	53.11	58.13	43.66	31.14
8	1.26	51.14	54.37	44.36	33.50
9	1.23	50.22	54.35	44.91	33.28
10	1.17	50.90	59.04	46.98	32.12

经不同处理后的土壤化学性质见表 7.5。对照样品土壤的 pH 值为 2.48，呈强酸性，经过改良，土壤酸性逐渐减弱，当熟石灰添加量达到 1% 时，土壤趋近于中性，继续添加则逐渐成弱碱性，处理 8（熟石灰添加量为 1.5%）的 pH 值为 8.16。粪肥的添加使得土壤有机质含量提高，经测定培养后的土壤有机质含量由对照值的 4.50g/kg，最高增加到 20g/kg，增长了 3 倍多。土壤水解性氮含量增加最多的为处理 10，由对照土壤的 34.21mg/kg 增长到 154.23mg/kg。土壤全氮含量随着改良剂的添加逐渐增加，最佳改良效果同样为处理 10，由对照土壤的 0.94g/kg 增长到 1.92g/kg。土壤磷含量的变化与氮基本一致，有效磷改良效果最好的为处理 8，由 8.08mg/kg 增长到 48.58mg/kg，土壤全磷含量增长最多的为处理 7，由 0.24g/kg 增长到 0.92g/kg。

表 7.5 经不同处理后的土壤化学性质

处理	pH 值	有机质含量 /（g/kg）	水解性氮含量 /（mg/kg）	全氮含量 /（g/kg）	有效磷含量 /（mg/kg）	全磷含量 /（g/kg）
1	2.48	4.50	34.21	0.94	8.08	0.24
2	4.76	7.20	34.84	1.04	20.49	0.43
3	5.12	13.50	41.23	1.54	18.31	0.48
4	4.82	18.80	102.20	1.84	39.82	0.54
5	6.78	7.80	74.04	1.06	8.46	0.27
6	6.75	14.30	74.03	1.09	13.22	0.40
7	7.02	20.00	89.43	1.23	34.40	0.92
8	8.16	7.20	57.52	1.02	48.58	0.43
9	7.75	15.00	138.66	1.55	19.23	0.82
10	7.57	19.80	154.23	1.92	43.45	0.89

7.2.2 改良剂对土壤重金属形态的影响

10 种处理土壤的 Cd 含量及形态分布如图 7.1 所示。10 种处理土壤的 Cd 含量为 16.19 ~ 25.62mg/kg，除处理 2 外，其余处理土壤的 Cd 含量都有不同程度的降低，减少较多的是处理 4、处理 6、处理 7、处理 8、处理 9、处理 10。对照样品土壤中的 Cd 主要以可交换态与碳酸盐结合态存在，该形态元素的含量受 pH 值的影响较大，通过添加熟石灰，当土壤近中性后，其含量下降趋势明显，处理 2 ~ 处理 10 该形态的 Cd 含量分别为全量的 72%、68%、51%、52%、49%、43%、36%、34%、31%，其中处理 8、处理 9、处理 10 下降最为明显。铁锰氧化物结合态是金属与铁锰氧化物联系在一起的被包裹或本身就成为氢氧化物沉淀的部分，这部分金属属于较强的离子键结合的化学形态，所以不易释放。Cd 可交换态与碳酸盐结合态主要转化为铁锰氧化物结合态，可能的原因是，pH 值和氧化还原条件变化对铁锰氧化物结合态有重要影响，pH 值较高时，有利于铁锰氧化物的形成。有机物与硫化物结合态、残渣态的 Cd 含量变化不大，分别在 10% 和 2% 水平浮动。

图 7.2 为 10 种处理土壤的 Pb 含量及形态分布。从图中可以看出，经过改良，不同处理土壤的 Pb 含量都有所下降。土壤中的 Pb 主要以铁锰氧化物结合态存在，这是由于铅在自然界中主要以 Pb^{2+} 的形式存在，极容易吸附在 Fe、Mn 和 Al 氧化物以及硅土、泥炭的表面，所以该形态 Pb 含量较高。此外残渣态也具有相当比例，这与原生矿石组成形式有关。经过改良，土壤中 Pb 的可交换态与碳酸盐结合态、铁锰氧化物结合态含量降低，而有机物与硫化物结合态、残渣态含量增加，10 种处理土壤的有机物与硫化物结合态占比分别为 11%、11%、15%、21%、21%、22%、26%、30%、31%、31%，残渣态占比分别为 18%、21%、22%、24%、23%、23%、23%、22%、23%、24%。

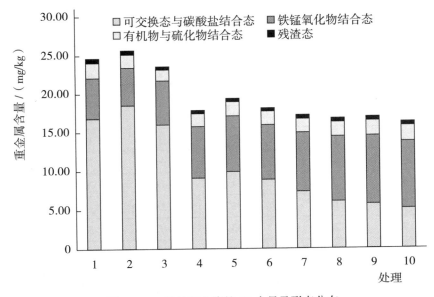

图 7.1 10 种处理土壤的 Cd 含量及形态分布

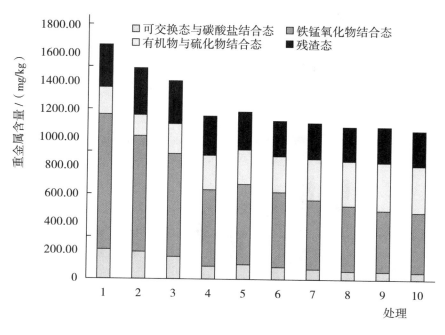

图 7.2　10 种处理土壤的 Pb 含量及形态分布

10 种处理土壤的 Zn 含量及形态分布如图 7.3 所示。10 种处理土壤的 Zn 含量依次为 2546.94mg/kg、2574.78mg/kg、2414.24mg/kg、1939.92mg/kg、2078.95mg/kg、1972.78mg/kg、1930.71mg/kg、1932.36mg/kg、1952.99mg/kg、1945.68mg/kg。经过改良，土壤中 Zn 各种形态发生了较大变化，在对照样品土壤中，Zn 在各种形态中的含量由大到小依次为可交换态与碳酸盐结合态、有机物与硫化物结合态、残渣态、铁锰氧化物结合态，其中可交换态与碳酸盐结合态占了总量的 51%，这是由于土壤中的 Zn 主要以 $ZnSO_4$ 和 Zn（OH）^{2} 等可溶形态存在。随着与改良剂的反应，土壤有机质含量增多，pH 值增大，可交换态与碳酸盐结合态的 Zn 含量降低，处理 4 ～处理 10 该形态的 Zn 含量由 51% 降低到 24% ～ 39%。铁锰氧化物结合态与残渣态的含量增加不大。有机物与硫化物结合态的含量有了较显著增加，其含量由对照样品的 22% 增加到 30% ～ 40%（处理 4 ～处理 10）。其他 3 种形态均有不同程度的增加，说明土壤中的 Zn 转变为与有机物结合、与氧化物结合或者更加稳定的残渣态。

10 种处理土壤的 Cu 含量及形态分布如图 7.4 所示。不同处理土壤的 Cu 含量依次为 1768.65mg/kg、1559.10mg/kg、1680.03mg/kg、1496.85mg/kg、1624.30mg/kg、1732.56mg/kg、1923.07mg/kg、1990.89mg/kg、1917.03mg/kg、1803.69mg/kg。10 种处理土壤中，有机物与硫化物结合态的 Cu 含量较高，分别为全量的 31%、31%、40%、45%、48%、52%、58%、60%、59%、57%，这与 Cu 元素的特性有关。铜离子具有很强的有机螯合能力，与有机物质具有很强的亲和力，能够与有机键稳定结合，所以该形态的 Cu 所占比例常常达到 20% 以上。有机物与硫化物结合态的 Cu 在土壤铜的形态区分中占有重要地位，因为 Cu 具有较强的形成络合物的能力，能够与有机配位体形成很强的螯合物，该形态的 Cu 含量与土壤 pH 值和有机质含量有很大关系。不同处理土壤中可交换态与碳酸盐结合态的 Cu 含量分别为全量的 34%、31%、24%、20%、20%、18%、15%、13%、12%、13%。残渣态的 Cu 含量分别为全量的 16%、19%、19%、20%、16%、15%、13%、14%、16%、17%，该形态的 Cu 主要存在于原生矿石中，稳定性很强，其含量的增加有助于控制 Cu 的毒性和迁移性。

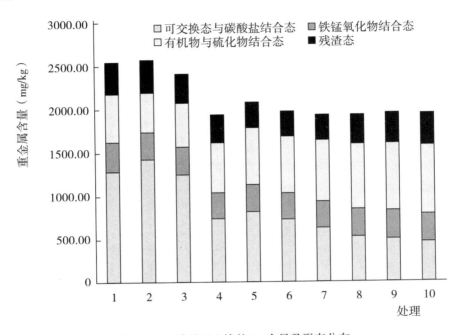

图 7.3　10 种处理土壤的 Zn 含量及形态分布

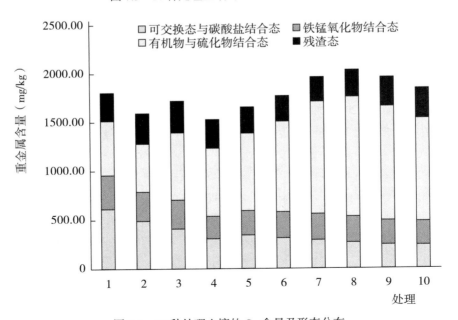

图 7.4　10 种处理土壤的 Cu 含量及形态分布

可交换态重金属是指吸附在黏土、腐殖质及其他成分上的金属，对环境变化敏感，在中性条件下可释放出来，易于迁移转化，能被植物吸收。碳酸盐结合态重金属是指沉积物中重金属元素在碳酸盐矿物上形成共沉淀结合态，对酸碱度最敏感，在酸性条件下容易释放。所以可交换态及碳酸盐结合态在 BCR 法（土壤重金属顺序提取形态标准物质）所有提取形态中对环境和生物的危害及毒性程度最高。从以上分析可知，经过处理后，土壤中可交换态及碳酸盐结合态含量普遍都有所降低，综合来看，处理 6 ~ 处理 10 中 4 种重金属的可交换态及碳酸盐结合态含量下降最为明显，这可以减轻土壤重金属对植物的胁迫，使植物更容易生存和生长。

7.2.3　改良剂对土壤生物毒性的影响

植物毒性分析是从植物耐性角度综合评价 10 种处理后土壤性质，植物生长状况越好，受到的毒害越轻微，表明改良效果越明显。本书利用小麦根伸长试验考察土壤对植物的毒害，10 种处理后土壤浸提液小麦种子的发芽指数见表 7.6。对照样品土壤浸提液萌发率为 65%，说明土壤毒性过大，强酸性和重金属毒性对种子的毒性过强，对小麦种子萌芽影响很大。随着改良剂的添加，种子发芽数量明显增强，发芽率最高的是处理 5、处理 6 和处理 8，发芽率最差的是处理 2，仅仅达到 55.00%，说明处理 2 和处理 3 改良后的土壤毒性仍然较强。芽长抑制率 = 1−处理种子芽长 / 对照种子芽长，其反映了相对于对照种子的胚芽生长情况，以及土壤浸提液抑制小麦种子发芽的情况。从芽长抑制率看，对照样品土壤浸提液的芽长抑制率达 100.00%，抑制率较低的是处理 6、处理 7 和处理 10，分别为 17.50%、20.00% 和 13.75%。发芽指数 = 发芽率 ×（1−芽长抑制率），是综合评价植物毒性的指标。发芽指数最高的是处理 5、处理 6、处理 8、处理 10，其中处理 6 最高，为 78.38%。

表 7.6　10 种处理后土壤浸提液小麦种子的发芽指数

处理	发芽数 / 个	发芽率 /%	芽长 /mm	芽长抑制率 /%	发芽指数 /%
1	13	65.00	1.20	85.00	9.75
2	11	55.00	4.30	46.25	29.56
3	13	65.00	3.80	52.50	30.88
4	15	75.00	4.40	45.00	41.25
5	19	95.00	6.10	23.75	72.44
6	19	95.00	6.60	17.50	78.38
7	17	85.00	6.40	20.00	68.00
8	19	95.00	5.90	26.25	70.06
9	18	90.00	4.87	39.12	54.79
10	17	85.00	6.90	13.75	73.31
对照	20	100.00	8.00	0	100.00

7.3 本章小结

（1）大宝山矿区土壤中 Cd、Pb、Zn、Cu 含量差异较大，但都明显高于广东省土壤重金属背景值。27 个土壤样品中，Cd 和 Cu 单因子污染指数都大于 1，超标率为 100%，有 21 个土壤样品的 Pb、Zn 单因子污染指数大于 1，超标率为 77.8%。从内梅罗综合污染指数来看，27 个土壤样品的综合污染指数为 5.74～157.23，所有样品的综合污染指数都大于 3，表明矿区土壤已受到重金属的严重污染，其中以 Cd、Cu 的污染最为严重。

（2）一般来说，土壤中含 Cd 达 3～8mg/kg，含 Pb 达 100～400mg/kg，含 Zn 达 70～400mg/kg，含 Cu 达 150～400 mg/kg，就被认为会对植物产生毒性。大宝山矿区土壤中 Cd、Pb、Zn、Cu 总量普遍超过或接近这个毒性阈值，有的远远超过，已属急性致死浓度。值得注意的是，大宝山矿富含黄铁矿（FeS_2）和其他各种金属硫化物矿，矿区大面积矿石裸露，致使金属硫化物不断氧化，在降水和径流的冲蚀下，不断释放出新的酸性物质，而大量酸性物质的存在，又加剧了土壤重金属的活化，酸性物质和重金属的毒害又阻碍了矿区植被恢复，从而形成一种恶性循环，必须引起足够重视。因此，大宝山矿区植被恢复和生态重建，从技术层面讲，一方面要对土壤进行改良，调节土壤 pH 值，降低重金属的活性和毒害；另一方面，通过对矿区植被进行研究，筛选出适合在矿区生长的重金属耐性植物或超富集植物。

（3）不同处理后土壤的物理化学性状得到了改善，土壤容重减小，土壤孔隙度增加，持水性能显著增强，土壤酸性逐渐减弱，养分含量提高，使其更加适宜植物生长和固持水土。

（4）土壤中的 Pb 主要存在于可交换态与碳酸盐结合态、铁锰氧化物结合态和残渣态中，以铁锰氧化物结合态含量最多。经过改良，土壤中的 Pb 主要由可交换态与碳酸盐结合态向有机物与硫化物结合态、铁锰氧化物结合态转化；对照样品土壤中的 Zn，Zn 的可交换态与碳酸盐结合态占总量的 50% 以上，随着与改良剂的反应，该形态的含量从 50% 降低到 5%～20%；土壤中的 Cu 主要以残渣态存在，改良后主要从可交换态与碳酸盐结合态向有机物及硫化物结合态转化。经过改良，重金属可交换态与碳酸盐结合态都有所减少，该形态活性最大，具有很强的毒性和迁移性，其含量的减少可以减轻土壤重金属对植物的胁迫，使植物更容易生存和生长。

（5）小麦根伸长试验结果显示，小麦种子发芽率较高的是处理 5、处理 6 和处理 8，达到 95.00%，最差的是处理 2，仅仅达到 55.00%。种子芽长抑制率较低的是处理 6、处理 7 和处理 10。发芽指数最高的是处理 5、处理 6、处理 8 和处理 10，其中处理 6 最高，为 78.38%。

（6）综合考察不同处理后土壤理化性状、重金属可交换态与碳酸盐结合态含量的变化，尤其是小麦根伸长试验结果，推荐处理 6 为最优方案。

第8章 矿区重金属耐性植物筛选

　　土壤重金属污染具有累积性、滞后性、隐蔽性和不可逆性等特点，如何控制与治理重金属污染和危害已成为环境污染治理中急需解决的重大课题[165]。采用传统的物理和化学治理方法，一般都存在技术复杂、投资大、运行成本高和容易产生二次污染等缺点[166]。近年来，对环境扰动少、修复成本低且能大面积推广的植物修复技术为修复矿区重金属污染土壤提供了新的途径。而寻找和发现适合当地气候、土壤条件的重金属耐性植物是矿区植被恢复和污染土壤植物修复的前提。已有研究表明，经过自然演化和选择，矿区植被中往往包含大量重金属耐性植物、重金属富集植物和指示植物，这些植物在重金属污染土壤的植被重建和植被修复中起着决定性作用，人们对此已有认识且日益重视，并对此展开了研究[167-171]。

　　矿区生态重建和污染环境修复是当前大宝山矿区最紧迫而艰巨的任务。大宝山矿区矿产开采后形成大量的废弃地和裸露岩壁，生境恶劣，土壤呈强酸性，铜、锌、铅等多种重金属污染严重，植被恢复相当困难。本章对大宝山矿凡洞采场自然定居和人工种植植物及其根际土壤进行了调查、采样和分析，初步筛选出适宜矿区生长的植物种类，并实地开展了植被恢复大田试验，以期为矿区污染土壤的治理及生态恢复提供依据。

8.1　优势植物根际土壤重金属含量

　　本书收集了棕叶芦 [*Thysanolaena Maxima*（*Roxb.*）*Kuntze*]、纤毛鸭嘴草（*Ischaemum Ciliare Retzius*）、乌毛蕨（*Blechnum Orientale*）、铺地黍（*Panicum Repens L.*）、象草（*Pennisetum Purpureum Schum.*）、芒萁 [*Dicranopteris Dichotoma*（*Thunb.*）*Berhn.*]、五节芒 [*Miscanthus Floridulus*（*Lab.*）*Warb. ex Schum. et Laut.*]、葛藤 [*Pueraria Lobata*（*Wild.*）*Ohwi*]、夹竹桃（*Nerium Oleander L.*）、泡桐 [*Paulownia Fortunei*（*Seem.*）*Hemsl.*]、马尾松（*Pinus Massoniana Lamb.*）、阴香 [*Cinnamomum Burmannii*（*Nees et T. Nees*）*Blume*]、杉木 [*Cunninghamia Lanceolata*（*Lamb.*）*Hook.*] 13 种优势植物。13 种优势植物根际土壤中的 Cd、Pb、Zn、Cu 含量见表 8.1。

表 8.1　13 种优势植物根际土壤中 Cd、Pb、Zn、Cu 含量

序号	植物种类	含量 /（mg/kg）			
		Cd	Pb	Zn	Cu
1	棕叶芦	13.00±1.23	952.20±25.15	509.20±12.90	1424.20±117.95
2	纤毛鸭嘴草	8.00±0.12	859.60±45.32	1680.00±119.24	1083.20±84.55
3	乌毛蕨	13.40±0.48	1020.80±166.89	360.60±5.99	785.60±26.86
4	铺地黍	23.60±0.16	1179.40±198.84	333.00±11.22	1253.80±91.48
5	象草	5.80±0.17	1413.80±174.67	1162.60±61.59	1217.00±51.48
6	芒萁	3.40±0.15	80.00±4.69	1143.80±69.85	229.20±6.42
7	五节芒	7.40±0.26	1748.20±83.94	1477.20±111.25	1530.00±82.32
8	葛藤	3.00±0.30	459.20±68.40	568.20±18.65	668.80±15.77
9	夹竹桃	2.40±0.25	1306.60±81.65	974.00±20.57	1376.20±102.43
10	泡桐	3.80±0.02	418.20±34.76	1115.40±96.07	575.00±11.26
11	马尾松	2.20±0.08	44.80±2.46	799.40±1.72	324.00±11.85
12	阴香	14.20±0.03	656.00±11.84	663.60±33.88	2286.00±105.35
13	杉木	5.40±0.16	99.80±3.80	90.80±7.76	121.40±13.36
平均值		8.12	787.58	836.75	990.34
广东省土壤重金属背景值		0.06	36.00	47.30	17.00

　　从表中可看出，13 种优势植物根际土壤中重金属的平均含量分别是：Cd 为 8.12mg/kg，Pb 为 787.58mg/kg，Zn 为 836.75mg/kg，Cu 为 990.34 mg/kg，都要明显高于广东省土壤重金属背景值。13 种优势植物根际土壤中 Cd 含量为 2.20 ～ 23.60mg/kg，含量最高的是铺地黍根际土壤，其含量约为广东省土壤背景值的 400 多倍；Pb 含量为 44.80 ～ 1748.20mg/kg，含量最高的是五节芒根际土壤，其含量为广东省土壤背景值的 48 倍多；Zn 含量为 90.80 ～ 1680.00mg/kg，含量最高的是纤毛鸭嘴草根际土壤，其含量为广东省土壤背景值的 35 倍多；Cu 含量为 121.40 ～ 2286.00 mg/kg，含量最高的是阴香根际土壤，其含量为广东省土壤背景值的 134 倍多。

8.2　优势植物体内重金属含量

　　大宝山矿区 13 种优势植物体内重金属含量见表 8.2。由表可知，不同优势植物体内重金属含量存在较大差异，总体而言，Cu 含量最高，为 2.40 ～ 1024.80 mg/kg，其次为 Zn、Pb、Cd。这与土壤中重金属的含量特征一致，基本反映了植物重金属的生物

积累物征与土壤重金属元素含量的相关性。束文圣、王英辉等的研究也揭示了同样规律[101, 170]。

Cu、Zn 是植物生长必需的微量元素，其中 Zn 参与植物的多种酶反应。Pb、Cd 均不是植物必需的元素。植物体内重金属正常含量是：Cd 为 0.08 ～ 0.15 mg/kg，Pb 为 0.10 ～ 41.70mg/kg，Zn 为 1.00 ～ 160.00mg/kg，Cu 为 0.40 ～ 45.80mg/kg。与植物体内重金属元素正常含量比较，13 种优势植物体内 Cd 含量普遍超过了正常值，最高的为象草，其地上部 Cd 含量为 15.80mg/kg，是植物正常范围高值的 100 多倍。Pb 含量为 3.00 ～ 1214.00mg/kg，除马尾松、五节芒外，其余 11 种植物 Pb 含量都超过了正常值，最高的是铺地黍地上部，是植物 Pb 正常范围高值的 29 倍多。Zn 含量为 4.80 ～ 658.00mg/kg，最高的为象草地下部（根系），是正常高值的 4 倍多。泡桐中的 Cu 含量最高，其中树叶部位是正常范围高值的 22 倍多，其次为纤毛鸭嘴草地下部、象草地下部、铺地黍地上部、棕叶芦地下部、马尾松茎部，其体内 Cu 含量都在 500 mg/kg 以上，远远超过正常范围高值。

表 8.2　大宝山矿区 13 种优势植物体内重金属含量

序号	植物种类	部位	含量 /（mg/kg）			
			Cd	Pb	Zn	Cu
1	棕叶芦	地下	6.40±0.22	181.80±31.24	170.60±13.28	568.60±24.27
		地上	2.40±0.09	38.00±7.98	164.40±17.65	62.20±7.77
2	纤毛鸭嘴草	地下	2.60±0.07	881.20±121.23	204.00±19.58	983.60±106.88
		地上	5.60±1.19	127.60±43.26	657.20±36.41	412.80±48.36
3	乌毛蕨	地下	1.60±0.09	413.60±68.25	309.60±28.66	82.00±9.12
		地上	3.20±1.32	278.20±33.48	259.60±17.59	324.80±17.72
4	铺地黍	地下	2.60±0.54	684.80±65.29	327.00±35.21	156.20±5.29
		地上	3.80±0.38	1214.00±165.83	261.20±12.68	572.40±12.61
5	象草	地下	11.40±1.22	729.60±87.68	658.00±47.23	853.40±37.35
		地上	15.80±3.14	141.00±24.82	318.90±24.89	168.80±12.31
6	芒萁	地下	8.80±1.12	28.80±1.12	163.80±13.58	38.40±9.65
		地上	7.20±0.26	160.20±23.14	138.00±14.27	40.40±8.57
7	五节芒	地下	2.60±0.21	11.00±0.21	130.00±12.01	62.60±9.01
		地上	1.10±0.13	15.80±2.57	58.20±4.54	16.60±1.37
8	葛藤	地下	1.80±0.01	63.80±9.47	239.00±13.69	238.40±11.36
		地上	0.80±0.07	143.40±12.68	169.40±12.87	120.80±12.12
9	夹竹桃	根	2.40±0.10	84.20±11.36	281.00±21.44	445.20±103.21
		茎	1.00±0.03	23.40±8.22	117.20±23.26	50.00±9.41
		叶	1.70±0.04	27.90±6.79	144.70±14.22	69.00±2.58

序号	植物种类	部位	含量 / （mg/kg）			
			Cd	Pb	Zn	Cu
10	泡桐	根	3.00±0.79	10.20±3.17	276.60±13.14	74.60±13.14
		茎	10.20±1.24	54.70±13.33	267.60±14.69	996.60±109.57
		叶	9.40±1.13	53.20±9.76	224.80±23.58	1024.80±77.32
11	马尾松	根	2.20±0.15	27.60±11.12	368.60±40.32	149.80±20.83
		茎	0.60±0.02	15.30±6.27	104.80±6.87	507.40±86.24
		叶	1.60±0.16	27.20±3.26	290.40±3.96	258.60±56.32
12	阴香	根	6.40±0.76	69.60±16.47	283.40±15.49	87.80±17.54
		茎	2.40±0.11	211.20±87.55	146.60±7.26	364.00±36.52
		叶	11.60±3.57	152.80±65.28	410.40±28.65	144.00±9.65
13	杉木	根	3.60±0.66	99.80±47.29	90.80±3.57	70.00±5.68
		茎	1.20±0.02	21.00±5.34	22.30±5.39	60.20±5.39
		叶	0	3.00±0.07	4.80±0.37	2.40±0.17
平均值			4.35	193.35	234.29	290.53
正常范围			0.08～0.15	0.10～41.70	1.00～160.00	0.40～45.80

8.3　优势植物对重金属的积累特性

生物富集系数是指植物体内某种重金属元素含量与土壤中同种重金属含量的比值，它反映了植物对土壤重金属元素的富集能力，富集系数越大，富集能力就越强，尤其是植物地上部富集系数越大，越有利于植物提取修复。生物转移系数等于植物地上部重金属的量除以植物根中该重金属的量，它反映植物吸收重金属后，从根部向茎、叶转移的能力[172]。

大宝山矿区 13 种优势植物对 Cd、Pb、Zn、Cu 的生物富集系数和生物转移系数见表 8.3。从表中可以看出，泡桐、象草、芒萁对 Cd 的生物富集系数分别为 2.58、2.72、2.12，均大于 1，表现出很强的 Cd 富集能力，其余 10 种植物对 Cd 的生物富集系数都小于 1.00。就 Pb 而言，芒萁、铺地黍的生物富集系数均大于 1.00，表现出较强的 Pb 富集能力。所有 13 种优势植物对 Zn 的生物富集系数都小于 1.00。对于 Cu 来说，泡桐、马尾松表现出较强的富集能力，生物富集系数分别为 1.76、1.19。

13 种优势植物对 Cd 的生物转移系数大于 1.00 的有泡桐、纤毛鸭嘴草、乌毛蕨、铺地黍、象草、阴香，其中泡桐的生物运转系数最高，为 3.27。葛藤、泡桐、芒萁、五节芒、阴香、铺地黍对 Pb 的生物运转系数均大于 1.00。对于 Zn 来说，只有纤毛鸭嘴草的生物运转系数大于 1.00。泡桐、乌毛蕨、铺地黍、芒萁、马尾松、阴香对 Cu 的生物运转系数均大于 1.00，表现出较强的运转能力。

表 8.3　大宝山矿区 13 种优势植物对 Cd、Pb、Zn、Cu 的生物富集系数和生物运转系数

序号	植物种类	部位	富集系数				生物运转系数			
			Cd	Pb	Zn	Cu	Cd	Pb	Zn	Cu
1	棕叶芦	地上	0.18	0.04	0.32	0.04	0.38	0.21	0.96	0.11
2	纤毛鸭嘴草	地上	0.70	0.15	0.39	0.38	2.15	0.14	3.22	0.42
3	乌毛蕨	地上	0.24	0.27	0.72	0.41	2.00	0.67	0.84	3.96
4	铺地黍	地上	0.16	1.03	0.78	0.46	1.46	1.77	0.80	3.66
5	象草	地上	2.72	0.10	0.27	0.14	1.39	0.19	0.48	0.20
6	芒萁	地上	2.12	2.00	0.12	0.18	0.82	5.56	0.84	1.05
7	五节芒	地上	0.15	0.01	0.04	0.01	0.42	1.44	0.45	0.27
8	葛藤	地上	0.27	0.31	0.30	0.18	0.44	2.25	0.71	0.51
9	夹竹桃	茎	0.42	0.02	0.12	0.04	0.42	0.28	0.42	0.11
		叶	0.71	0.02	0.15	0.05	0.71	0.33	0.51	0.15
10	泡桐	茎	2.68	0.13	0.24	1.73	3.40	5.36	0.97	13.36
		叶	2.47	0.13	0.20	1.78	3.13	5.22	0.81	13.74
11	马尾松	茎	0.27	0.34	0.13	1.57	0.28	0.56	0.28	3.39
		叶	0.73	0.61	0.36	0.80	0.74	0.98	0.79	1.73
12	阴香	茎	0.17	0.32	0.22	0.16	0.38	3.03	0.52	4.15
		叶	0.82	0.23	0.62	0.06	1.81	2.20	1.45	1.64
13	杉木	茎	0.22	0.21	0.25	0.50	0.33	0.21	0.25	0.86
		叶	0	0.03	0.05	0.02	0	0.03	0.05	0.03

8.4　重金属耐性植物初步筛选

超富集植物是指能够超量吸收重金属并将其运移到地上部的植物。不断地种植和收割超富集植物，可以清除土壤中的重金属污染，因此超富集植物具有较高的理论和应用研究价值。通常，超富集植物的界定主要考虑以下两个因素：①植物地上部富集的重金属应达到一定的量；②植物地上部的重金属含量应高于根部的重金属含量。由于各种重金属在地壳中的丰度及其在土壤和植物中的背景值存在较大差异，因此对不同重金属而言，超富集

植物富集浓度的界限也有所不同。目前采用较多的是 Baker 和 Brooks 提出的参考值，即把植物叶片或地上部（干重）中含 Cd 达到 100 mg/kg，含 Co、Cu、Ni、Pb 达到 1000mg/kg，含 Mn、Zn 达到 10000mg/kg 以上的植物称为超富集植物，同时这些植物还应满足 S/R 大于 1 的条件（S、R 分别指植物地上部和根部重金属的含量）。

调查的 13 种优势植物中，铺地黍地上部的 Pb 含量达到 1214.00 mg/kg，泡桐叶中 Cu 含量达到 1024.80 mg/kg，超过了 Pb 和 Cu 超富集植物含量的临界值（1000 mg/kg）。其运转系数分别为 1.77、13.74，说明铺地黍、泡桐有较强的将重金属从根部转移到地上部的能力。按照以上标准，铺地黍是 Pb 的超富集植物，泡桐是 Cu 的超富集植物。铺地黍属多年生草本，以根状茎和种子繁殖，生长迅速，再生性强，但由于该物种易入侵农地，抢夺大量养分，影响作物生长且难以根除，因此用于矿区重金属植物修复要慎重。泡桐是一种喜光的速生树种，耐旱能力强，栾以玲等对南京栖霞山矿区植物的研究同样表明，泡桐具有较高的重金属综合富集能力[172]，因此，可以初步认定泡桐是用于矿区重金属植物修复的理想树种，具有较强的研究价值。需要指出的是，大宝山矿凡洞采场正在进行露天开采，由于空中飘尘和大气沉降的影响，矿区内植物茎叶可能受到污染，要确定是否真为超富集植物，还应进一步通过土培或水培试验加以验证。

土壤中过量的重金属离子对植物危害很大，在修复重金属污染的土壤时，植物的耐性是一个关键因素。大宝山矿区 13 种优势植物根际土壤中重金属的测试分析表明，植物根际土已受到重金属污染，其中以 Cd、Cu 的污染最为严重。除铺地黍、泡桐外，其他 11 种优势植物的重金属吸收能力虽然没有达到超富集植物的标准，但它们是生长于重金属污染土壤的优势植物，对重金属表现出较强的耐性。综合植物体内的重金属含量、生物富集系数和生物转移系数来看，象草、纤毛鸭嘴草、芒萁、五节芒、马尾松对重金属复合污染胁迫的耐性较强。

多年来，大宝山矿业有限公司（原广东省大宝山矿）在矿区开展了系列土地复垦和造林绿化工作，经过多年的实践，普遍认为夹竹桃在大宝山矿区有较好的适应性。另外，山毛豆、猪屎豆、狗牙根、糖蜜草 4 个植物种在广东广泛种植。为丰富矿区植被恢复种质资源，同时考虑到苗木培育及后期抚育成本等因素，选择泡桐、马尾松、夹竹桃、象草、五节芒、山毛豆、猪屎豆、狗牙根、糖蜜草 9 种植物种进行大田试验，以考察其耐性及在矿区定植的可行性，同时验证室内实验推荐的基质处理的改良效果。

8.5 大田试验植物生长状况

8.5.1 试验地植物成活率与保存率

9 种植物种大田试验植物成活率与保存率见表 8.4。

表 8.4　9 种植物种大田试验植物成活率与保存率

植物种类	对照样地		处理样地	
	成活率（发芽率）/%	保存率 /%	成活率（发芽率）/%	保存率 /%
狗牙根	70.00	35.00	95.00	90.00
象草	44.00	24.00	98.00	92.00
糖蜜草	45.00	25.00	90.00	75.00
五节芒	54.00	24.00	100.00	94.00
夹竹桃	40.00	22.00	100.00	92.00
山毛豆	45.00	15.00	90.00	85.00
猪屎豆	40.00	15.00	85.00	80.00
马尾松	38.00	18.00	98.00	94.00
泡桐	40.00	20.00	100.00	92.00
平均值	46.22	22.00	95.11	88.22

从总体结果来看，基质改良后 9 种试种植物的平均成活率（发芽率）和保存率分别为 95.11%、88.22%，对照区域平均成活率（发芽率）和保存率分别为 46.22%、22.00%，可见经过改良的区域所有植物成活率与保存率明显好于未经改良的区域。对照区域除狗牙根、五节芒外，其余植株成活率（发芽率）都在 50% 以下，所有植株保存率均未超过 35%，由于土壤重金属毒害、水分缺乏和养分瘠薄，大部分植物处于濒死或者死亡状态，只有部分耐性强的植物成活。土壤经改良后，植株成活率、保存率都有了显著提高，五节芒、夹竹桃和泡桐植株的成活率为 100%，其余植株的成活率都不低于 85%，狗芽根、象草、五节芒、夹竹桃、马尾松、泡桐保存率都不低于 90%，其余各植株的成活率都不低于 80%，土壤条件已能基本满足大部分植株的生长需求，但能否长期保持这种促进作用有待长期观测。

8.5.2　试验地植物生长状况

植株高度可以反映植物生长发育状况，图 8.1 即为试验地 9 类植株株高情况。对照样地与处理样地在相同生长期内的平均株高分别为 37.40cm 和 52.70cm，处理样地平均株高是对照地的 1.4 倍。经过改良的区域，所有植物生长状况明显好于未经改良的区域，处理样地的狗牙根、五节芒、糖蜜草、象草 4 种草本 120d 株高分别为 12.40cm、83.40cm、43.30cm、101.50cm，分别是对照样地的 2.0 倍、1.8 倍、1.9 倍、1.5 倍；处理样地的夹竹桃、山毛豆、猪屎豆 3 种灌木 180d 株高分别为 20.70cm、75.40cm、82.80cm，分别是对照样地的 1.2 倍、1.7 倍、1.5 倍；处理样地的泡桐、马尾松株高分别为 34.80cm、19.70cm，分别是对照地的 1.5 倍和 1.1 倍。相比较而言，处理前后草本植物的生长状况明显好转。马尾松、夹竹桃于对照样地和处理样地的株高差别不大，可能是因为种植时已是 5 月，已错过其生长旺盛期。

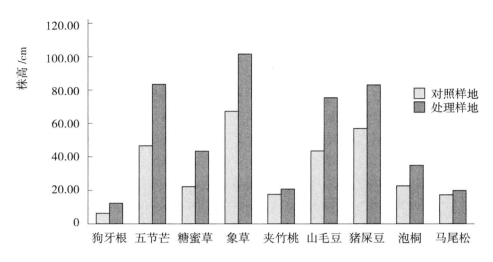

图 8.1　试验地 9 类植株株高情况

8.6　本章小结

（1）在调查的 13 种优势植物中，铺地黍地上部的 Pb 含量达到 1214.00mg/kg，泡桐叶中 Cu 含量达到 1024.80mg/kg，超过了 Pb 和 Cu 超富集植物含量的临界值 1000mg/kg；它们针对 Pb、Cu 的生物运转系数分别为 1.77、13.74，可见铺地黍、泡桐有较强的将重金属从根部转移到地上部的能力，其中铺地黍是 Pb 的超富集植物，泡桐是 Cu 的超富集植物，但要确定它们是否真为超富集植物，还应进一步通过土培或水培试验加以验证。除铺地黍、泡桐外，其他 11 种优势植物的重金属吸收能力虽然没有达到超富集植物的标准，但它们是生长于重金属污染土壤的优势植物，对重金属表现出较强的耐性。综合植物体内的重金属含量、生物富集系数和生物转移系数来看，象草、纤毛鸭嘴草、芒萁、五节芒、马尾松对重金属复合污染胁迫的耐性较强。

（2）从大田试验情况来看，经过改良的处理样地所有植物的成活率与保存率及生长状况都要好于对照样地。对照样地除狗牙根、五节芒外，其余植株成活率（发芽率）都在50% 以下，所有植株保存率均未超过 35%，土壤重金属毒害、水分缺乏和养分瘠薄致使大部分植物处于濒死或者死亡状态，只有部分耐性强的植物成活。土壤经改良后，植株成活率、保存率都有了显著提高，五节芒、夹竹桃和泡桐植株的成活率为 100%，土壤条件已能基本满足大部分植株的生长需求。对照样地与处理样地在相同生长期内的平均株高分别为 37.40cm 和 52.70cm，改良后样地的平均株高是对照地的 1.4 倍。相比较而言，处理前后草本植物的生长状况好转得更加明显。

（3）值得注意的是，从 2012 年 2 月底的调查情况看，经过一个冬季后，试验地糖蜜草、猪屎豆、山毛豆基本都已死亡。究其原因，主要是这 3 种植物都不耐寒，试验地海拔在 800m，冬季最低气温为— 4.3℃左右，2011 年冬季大宝山地区气温较常年低，2012 年 1 月有一次降雪过程，糖蜜草、猪屎豆、山毛豆因受到冻害而死亡。从生长情况看，糖蜜草、猪屎豆、山毛豆生长旺盛，特别是猪屎豆、山毛豆，具有速生、易长、耐干旱、耐瘠薄等特性，其枝密叶茂，根系发达，固土蓄水力强，是较好的水土保持物种。在试验地种植初期，猪屎豆、山毛豆能快速形成地面覆盖，在炎热的夏季为林下草本及马尾松、夹竹桃幼苗提供较好的遮荫效果，而且猪屎豆、山毛豆都是适应性很强的绿肥，死亡后大量的枯枝落叶对改良土壤有着重要作用。因此，在造林的头两三年，间作猪屎豆、山毛豆对后期成林有较强的现实意义。

（4）综合来看，可以选择泡桐、马尾松、夹竹桃、象草、五节芒、狗牙根作为大宝山矿区植被恢复的先锋物种。

第9章 矿区不同植被恢复模式的生态改良效应

进行矿山植被生态恢复,是避免地貌景观和植被遭到大面积破坏、改善生态环境的基本途径。恢复和重建矿区植被,形成自我维持、稳定的生态系统,促进矿区生态环境的改善和经济的可持续发展,是矿区生态环境建设所面临的重要研究课题。土壤库是植物营养元素的主要贮存库,也是林木生长发育所需营养元素的主要来源,而物种多样性是衡量一定地区生物资源丰富程度的一个客观指标。本章针对大宝山矿区不同植被恢复模式的土壤物理性质(容重、孔隙度、机械组成等)、土壤化学性质(有机质、全氮和有效氮、全磷和有效磷、酸碱度等)、土壤重金属含量、土壤酶活性、土壤微生物、物种多样性等进行了分析,研究不同植物恢复模式的生态改善效应,以期为矿山开发水土流失治理及生态修复优化模式的优选提供科学依据。

9.1 不同植被恢复模式的土壤物理特性

土壤肥力在很大程度上取决于土壤的物理性质,进而通过物理性质改变土壤的化学性质。因此,研究土壤物理性质有着十分重要的作用。土壤物理性质主要包括土壤容重、土壤孔隙状况、机械组成等。

9.1.1 土壤容重

土壤容重是衡量土壤松紧状况的指标之一,能综合反映土壤结构、松紧度和土体内生物活动情况,更重要的是土壤容重能直接影响土壤团聚体内营养元素的释放和固定。容重小,表明土壤疏松多孔,土壤的渗透性和通气状况较好;容重大,则表明土壤紧实板硬,透水透气性差。土壤容重数值的大小,受土壤质地、结构、有机质含量以及各种自然因素和人工管理措施的影响。不同植被恢复模式的土壤物理特性见表9.1。由表可知,4种样地土壤容重为 $1.16 \sim 1.44 \mathrm{g/cm^3}$,土壤容重最小的是混交林,其次为马尾松+五节芒、象草+夹竹桃,最大的为桉树林,桉树林的土壤容重与对照裸地无显著差异。混交林、马尾松+

五节芒、象草＋夹竹桃 3 种样地土壤容重分别比对照裸地低 19.44%、10.42%、6.25%，表明这 3 种植被恢复模式样地土壤的固相显著优于对照裸地，经过植被恢复后土壤性状得到改良，更适宜植物的生长。

表 9.1 不同植被恢复模式的土壤物理特性

样地类型	容重 /（g/cm³）	土壤含水量 /%	毛管孔隙度 /%	非毛管孔隙度 /%	总孔隙度 /%
混交林	1.16±0.07	16.44±3.37	41.69±0.46	12.30±1.60	53.98±1.98
象草＋夹竹桃	1.35±0.02	18.64±2.04	33.28±2.63	16.72±2.84	50.00±0.86
马尾松＋五节芒	1.29±0.33	16.11±5.52	32.17±1.18	13.30±2.05	45.47±1.14
桉树林	1.43±0.10	14.31±2.64	31.24±4.62	16.10±6.20	47.34±1.61
对照裸地	1.44±0.11	18.12±4.64	25.95±3.63	15.61±5.28	41.56±4.16

9.1.2 土壤孔隙状况

土壤的体积质量、毛管孔隙度以及非毛管孔隙度、总孔隙度等土壤物理性质决定土壤的通气性、透水性和林木根系的穿透力，是土体构造的主要指标之一。土壤总孔隙度是土壤孔隙数量的度量指标，是影响水分和气体运动的重要参数。它决定着林木根系和土壤生物的活动。孔隙度较大的土壤可以容纳较多的水分和空气，有利于增强土壤微生物的活动和促进养分的转化。从表 9.1 可以看出，混交林有较高的总孔隙度和毛管孔隙度，分别为53.98% 和 41.69%，是对照地的 1.30 倍和 1.61 倍。象草＋夹竹桃、马尾松＋五节芒、桉树林 3 种样地的总孔隙度、毛管孔隙度、非毛管孔隙度差异不显著，但都高于对照裸地。

9.1.3 土壤机械组成

土壤机械组成是土壤物理性质的一项重要指标，是比较稳定的物理性指标，也是土壤立地分类重要的参考，对土壤团聚体的形成、土壤结构、土壤持水性等理化性质都有影响。第一种是黏粒（粒径＜ 0.002mm）；第二种是砂粒（粒径为 0.02 ～ 2mm），砂质土壤粒间空隙大，蓄水量较低，并且由于黏粒含量少，其保肥能力较差；第三种是粉粒（粒径为 0.002 ～ 0.02mm），它兼具砂质土壤和黏质土壤的优点，是比较理想的土壤。不同植被恢复模式的土壤机械组成见表 9.2。从不同粒径组来看，4 种植被恢复样地中，粒径为 0.05mm ～ 1mm 的砂粒占 28.70% ～ 48.87%，粒径为 0.002 ～ 0.05mm 的粉粒占20.00% ～ 38.67%，与对照地相比，大小规律不明显，有增大也有减小；而粒径小于0.002mm 的黏粒含量均高于对照裸地，以混交林的黏粒含量最高，土壤黏粒富含矿质营养，有机质分解慢，有利于保肥。

表 9.2　不同植被恢复模式的土壤机械组成

样地类型	组成 /%			
	砂粒（粒径 > 1mm）	砂粒（粒径为 0.05～1mm）	粉粒（粒径为 0.002～0.05mm）	黏粒（粒径 < 0.002mm）
混交林	11.20	30.27	34.67	23.87
象草＋夹竹桃	11.16	28.70	38.67	21.47
马尾松＋五节芒	11.46	48.87	20.00	19.67
桉树林	11.38	45.52	27.33	15.77
对照裸地	18.47	34.30	33.25	13.98

9.2　不同植被恢复模式的土壤化学特性

9.2.1　土壤有机质

土壤有机质是土壤的组成部分之一，是土壤中各种营养元素特别是氮、磷的重要来源，同时是土壤微生物必不可少的碳源和能源。土壤有机质在土壤形成过程中，特别是土壤肥力的发展过程中，起着极其重要的作用。有机质还能使土壤疏松，形成结构，从而改善土壤的物理性质。一般来说，土壤有机质含量的多少，是土壤肥力高低的一个重要指标。不同植被恢复模式土壤有机质含量如图 9.1 所示。由图可知，各样地的土壤有机质含量差异较大，混交林、象草＋夹竹桃、马尾松＋五节芒、桉树林有机质含量分别为 17.64g/kg、9.72g/kg、10.04g/kg、4.58g/kg，分别是对照裸地 3.11g/kg 的 5.67 倍、3.13 倍、3.23 倍和 1.47 倍，表明植被恢复后土壤中有机质含量明显提高。而在不同的植被恢复模式中，混交林的有机质含量最高，表现出较好的改良土壤的效果。

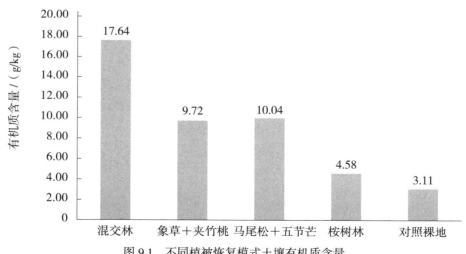

图 9.1　不同植被恢复模式土壤有机质含量

9.2.2　土壤全氮、有效氮含量

土壤氮含量是衡量土壤氮素供应状况的重要指标。图 9.2 给出了不同植被恢复模式土壤全氮、有效氮含量。由图可以看出，混交林的全氮、有效氮含量最高，分别为 1.59g/kg、23.32mg/kg，其次为马尾松＋五节芒和象草＋夹竹桃，其中马尾松＋五节芒样地全氮、有效氮含量分别 0.97g/kg、20.16mg/kg，象草＋夹竹桃样地全氮、有效氮含量分别 0.74g/kg、16.33mg/kg，最低的为桉树林，其全氮、有效氮含量分别为 0.77g/kg、10.50mg/kg。

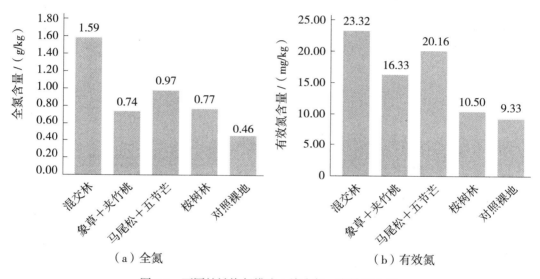

图 9.2　不同植被恢复模式土壤全氮、有效氮含量

9.2.3　土壤全磷、有效磷含量

土壤全磷含量主要决定于土壤母质类型和磷矿石肥料，不能作为土壤磷素供应水平的确切指标，因为土壤中的大部分（95% 以上）磷素是以迟效状态存在的。土壤速效磷是指土壤中可被植物吸收的磷组分，包括部分或全部吸附态磷及有效态磷，有的土壤中还有某些沉淀态磷。土壤速效磷的含量随土壤类型、气候、施肥水平、灌溉、耕作栽培措施等条件的不同而有所不同。测定土壤速效磷含量，能够了解土壤的供磷状况。由图 9.3 可知，在 4 种植被恢复样地中，混交林的全磷含量最高，为 0.27g/kg，是对照地的 2.7 倍，有效磷最高的为马尾松＋五节芒，是对照地的 2.19 倍。象草＋夹竹桃、马尾松＋五节芒、桉树林全磷含量相差不大，分别为 0.15g/kg、0.15g/kg、0.12g/kg，但都高于对照裸地。在 4 种植被恢复样地中，有效磷含量最高的是马尾松＋五节芒，其次为混交林、桉树林、象草＋夹竹桃。

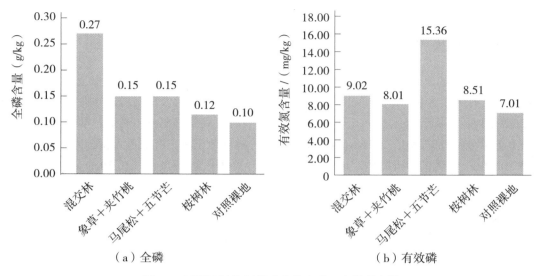

（a）全磷　　　　　　　　　　　（b）有效磷

图 9.3　不同植被恢复模式土壤全磷、有效磷含量

9.2.4　土壤 pH 值

土壤酸碱性是土壤形成过程中受生物、气候、地质、水文等因素综合作用所产生的重要属性，土壤 pH 值的变化不仅对土壤中营养元素的有效性，土壤离子的交换、运动、迁移和转换有直接影响，而且影响物质的溶解度。土壤酸碱性直接关系到土壤微生物的活动，进而改变土壤可溶性养分的含量。从图 9.4 可以看出，所有样地的土壤 pH 值均呈酸性，pH 值从大到小依次为象草＋夹竹桃、混交林、马尾松＋五节芒、桉树林、对照裸地。对照裸地 pH 值为 2.73，呈强酸性，主要原因是大宝山矿富含黄铁矿（FeS_2）和其他各种金属硫化物矿，矿区矿石大面积裸露，致使金属硫化物不断氧化，在降水和径流的冲蚀下，不断释放出新的酸性物质，使矿区土壤酸化。

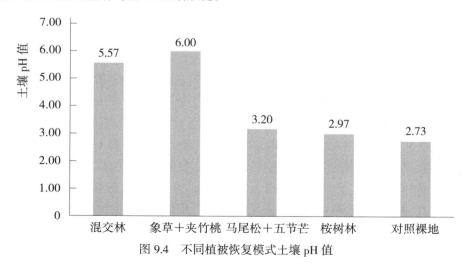

图 9.4　不同植被恢复模式土壤 pH 值

9.2.5　土壤阳离子交换量

阳离子交换量（Cation Exchange Capacity，CEC）是指土壤胶体所能吸附各种阳离子的总量，是土壤的一个很重要的化学性质，直接反映了土壤的保肥能力。不同植被恢复模式土壤 CEC 如图 9.5 所示。由图可知，混交林、象草＋夹竹桃、马尾松＋五节芒、桉树林土壤 CEC 分别为 14.58cmol/kg、12.45cmol/kg、5.54cmol/kg、5.77cmol/kg，混交林土壤 CEC 最高，其次为象草＋夹竹桃，而马尾松＋五节芒、桉树林土壤 CEC 相差不大，4 种植被恢复样地的土壤 CEC 都要高于对照裸地（4.07cmol/kg）。

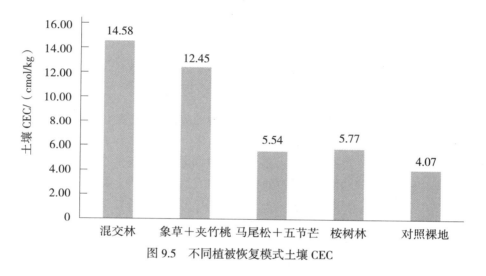

图 9.5　不同植被恢复模式土壤 CEC

9.3　不同植被恢复模式的土壤重金属含量

重金属具有很高的生物毒性，重金属进入土壤后，通过一系列物理化学过程，以一种或多种形态长期驻留在环境中，最终通过食物链等途径危及人类健康，其污染具有隐蔽性、长期性、不可逆性和后果严重性等特点。不同植被恢复模式土壤 Cd、Pb、Zn、Cu 含量见表 9.3。从表中可以看出，4 种植被恢复样地土壤中 Cd 的含量为 15.42 ～ 28.32mg/kg，Pd 的含量为 319.84 ～ 1114.33mg/kg，Zn 的含量为 89.28 ～ 475.75mg/kg，Cu 的含量为 459.03 ～ 1343.08mg/kg。广东省土壤 Cd、Pb、Zn、Cu 重金属背景值分别为 0.06mg/kg、36.00mg/kg、47.30mg/kg、17.00mg/kg。可见，4 种重金属均严重超标。

表 9.3　不同植被恢复模式土壤 Cd、Pb、Zn、Cu 含量

样地类型	含量 /（mg/kg）			
	Cd	Pb	Zn	Cu
混交林	23.65	723.67	109.85	1084.42
象草＋夹竹桃	19.98	1114.33	89.28	1123.92
马尾松＋五节芒	15.42	319.84	132.63	459.03
桉树林	28.32	1111.92	475.75	1343.08
对照裸地	24.07	715.41	241.51	1539.74

9.4　不同植被恢复模式的土壤酶活性

土壤中的酶是存在于土壤中的生物催化剂，各种酶在土壤中的积累是土壤微生物、土壤动物以及植物根系生命活动共同作用的结果。从化学成分和结构上讲，它是具有加速土壤生化反应速率功能的一类蛋白质，土壤中的一切生化反应，包括有机质的分解、腐殖质的合成、某些无机物质的氧化与还原以及氮的生物固定等，实质上都是在专一性很强的酶和土壤微生物共同推动下完成的。正因为土壤酶参与了土壤中各种生物化学过程和物质循环，所以土壤酶活性可以反映土壤中生物代谢和物质转化过程的水平。

不同植被恢复模式土壤酶活性见表 9.4。由表可知，混交林、象草＋夹竹桃、马尾松＋五节芒、桉树林 4 种样地类型的土壤酶活性中，除过氧化氢酶外，脲酶和磷酸酶均是混交林最高。4 种植被恢复样地过氧化氢酶活性差异不显著，脲酶活性为 1.47 ～ 4.88mg/kg，磷酸酶活性为 67.08 ～ 105.08mg/kg。各植被恢复样地土壤酶活性没有表现出一致的大小规律，但大都高于对照裸地。

表 9.4　不同植被恢复模式土壤酶活性

样地类型	土壤酶		
	过氧化氢酶 /（0.1N KMnO₄mL/g）	脲酶 /（mg/kg）	磷酸酶 /（mg/kg）
混交林	0.21±0.09	4.88±2.66	105.08±24.24
象草＋夹竹桃	0.19±0.11	1.47±1.11	92.03±15.33
马尾松＋五节芒	0.39±0.04	3.92±3.50	89.4±18.93
桉树林	0.16±0.09	1.81±0.08	67.08±18.61
对照裸地	0.18±0.16	0.33±0.09	33.77±2.72

9.5 不同植被恢复模式的土壤微生物

土壤微生物是土壤的重要组成部分，它们将动植物残体等有机化合物分解并转化为无机化合物或矿质营养物，从而为植物所利用，并且在土壤团粒结构的形成以及土壤腐殖质的合成过程中起到重要作用，是土壤肥力的重要指标之一。不同植被恢复样地土壤微生物数量分布见表 9.5。由表可知，混交林、象草＋夹竹桃、马尾松＋五节芒、桉树林样地中细菌含量分别为 $30.5×10^4$ 个 /g、$9.31×10^4$ 个 /g、$26.8×10^4$ 个 /g、$5.12×10^4$ 个 /g，真菌含量分别为 $6.77×10^4$ 个 /g、$1.56×10^4$ 个 /g、$1.94×10^4$ 个 /g、$0.45×10^4$ 个 /g，放线菌含量分别为 $99.27×10^4$ 个 /g、$6.71×10^4$ 个 /g、$33.41×10^4$ 个 /g、$9.16×10^4$ 个 /g。混交林土壤中细菌、真菌、放线菌含量在 4 种样地中均最高，其次为马尾松＋五节芒，桉树林最低，但要高于对照裸地。

表 9.5 不同植被恢复样地土壤微生物数量分布 单位：10^4 个 /g

样地类型	微生物		
	细菌	真菌	放线菌
混交林	30.50±8.04	6.77±2.12	99.27±16.23
象草＋夹竹桃	9.31±0.62	1.56±0.07	6.71±3.50
马尾松＋五节芒	26.8±7.00	1.94±0.24	33.41±7.03
桉树林	5.12±2.62	0.45±0.11	9.16±2.96
对照裸地	1.59±0.69	0.43±0.14	3.63±1.49

9.6 不同植被恢复模式的物种多样性

9.6.1 群落植物种类组成

物种种类组成及结构是决定群落性质最重要的因素，也是鉴别不同群落类型的基本特征，群落的优势种与建群种对群落结构和环境的形成有明显的控制作用。因此，调查不同生态恢复技术类型的植物群落优势物种种类组成及结构配置，对了解群落特性、分析群落生物多样性具有重要意义。生态学上的优势种对整个群落具有控制性影响，对生态系统的稳定起着举足轻重的作用，若把群落中的优势种去除，必然导致群落性质和环境的变化。群落的不同层次可有各自的优势种。

在所调查的各样地植物群落中，植物种类有 14 科 21 属 21 种，从科属分布来看，以禾本科、豆科、蕨科居多。混交林群落植物种类最为丰富，涉及 13 科 18 属 19 种，群落优势种为马尾松、夹竹桃、象草，随着植被恢复时间的延长，出现了毛蕨、芒萁、铁线蕨、海金沙、盐肤木、狗尾草、蒲公英、飞蓬、野古草、酢浆草等野生入侵种；其次为马尾松＋五节芒，涉及 6 科 7 属 8 种，群落优势种为马尾松、五节芒，野生入侵种有葛藤、水蓼、蜘蛛兰、飞蓬；桉树林仅涉及 2 科 2 属 2 种，植物种类组成最为简单。

不同植被恢复模式群落植物种类组成见表 9.6，不同植被恢复模式群落植物种类见表 9.7，不同植被恢复模式群落优势物种种类组成见表 9.8。

表 9.6　不同植被恢复模式群落优势物种种类组成

样地类型	科数	属数	种数
混交林	13	18	19
象草＋夹竹桃	4	4	4
马尾松＋五节芒	6	7	8
桉树林	2	2	2
小计（不计重复）	14	21	21

表 9.7　不同植被恢复模式群落植物种类

科名	属名	种名	别名
松科（*Pinaceae Spreng. ex F. Rudolphi*）	松属（*Pinus Linn*）	马尾松（*Pinus Massoniana Lamb.*）	古巴松
豆科（*Fabaceae Lindl.*）	葛属（*Pueraria DC.*）	苦葛 [*Pueraria Peduncularis*（*Grah. ex Benth.*）*Benth.*]	云南葛藤、白苦葛、红苦葛
	棘豆属（*Oxytropis DC.*）	硬毛棘豆（*Oxytropis Hirta Bunge*）	毛棘豆、山毛豆、猫尾巴花
	猪屎豆属（*Crotalaria Linn.*）	猪屎豆（*Crotalaria Pallida Ait.*）	吊裙草、太阳麻
	链荚木属（*Ormocarpum Beauv.*）	链荚木 [*Ormocarpum Cochinchinense*（*Lour.*）*Merr.*]	假弹草
桃金娘科（*Myrtaceae Juss.*）	桉属（*Eucalyptus L'Hér.*）	尾叶桉（*Eucalyptus Urophylla S.T. Blake*）	细叶桉
漆树科（*Anacardiaceae R. Br.*）	盐肤木属（*Rhus Tourn. ex L.*）	盐肤木（*Rhus Chinensis Mill.*）	五倍子树、乌酸桃、酸酱头

续表

科名	属名	种名	别名
酢浆草科（Oxalidaceae R. Br.）	酢浆草属（Oxalis L.）	酢浆草（Oxalis Corniculata L.）	酸味草、鸠酸、酸醋酱
夹竹桃科（Apocynaceae Juss.）	夹竹桃属（Nerium L.）	夹竹桃（Nerium Oleander L.）	欧洲夹竹桃
玄参科（Scrophulariaceae Juss.）	泡桐属（Paulownia Siebold & Zucc.）	泡桐［Paulownia Fortunei（Seem.）Hemsl.］	白花泡桐、白花桐、白桐
菊科（Asteraceae Bercht. & J. Presl）	蒲公英属（Taraxacum F. H. Wigg.）	蒲公英（Taraxacum Mongolicum Hand.-Mazz.）	蒙古蒲公英、黄花地丁
	飞蓬属（Erigeron L.）	飞蓬（Erigeron Acris L.）	飞蓬草
禾本科（Poaceae Barnhart）	狗尾草属（Setaria P. Beauv.）	狗尾草［Setaria Viridis（L.）Beauv.］	谷莠子、莠
	狼尾草属（Pennisetum Rich.）	象草（Pennisetum Purpureum Schum.）	紫狼尾草
	芒属（Miscanthus）	五节芒［Miscanthus Floridulus（Lab.）Warb. ex Schum. et Laut.］	芒草、管芒、寒芒
	野古草属（Arundinella Raddi.）	毛秆野古草［Arundinella Hirta（Thunb.）Tanaka］	麦穗草、迭茅草
里白科（Gleicheniaceae C. Presl）	芒萁属（Dicranopteris Bernh.）	芒萁［Dicranopteris Dichotoma（Thunb.）Berhn.］	铁狼萁、芦萁
铁线蕨科（Adiantaceae）	铁线蕨属（Adiantum L.）	铁线蕨（Adiantum Capillus-veneris L.）	铁丝草、铁线草
海金沙科（Lygodiaceae M. Roem.）	海金沙属（Lygodium Sw.）	海金沙［Lygodium Japonicum（Thunb.）Sw.］	金沙藤、左转藤、竹园荽
蓼科（Polygonaceae Juss.）	蓼属（Polygonum L.）	水蓼（Polygonum Hydropiper L.）	辣蓼
兰亚科（Subfam. Orchidoideae）	带叶兰属（Taeniophyllum Blune）	带叶兰（Taeniophyllum Glandulosum Bl.）	蜘蛛兰

表 9.8   不同植被恢复模式群落优势物种种类组成

样地类型	群落植物种类	群落优势种	野生入侵种	群落总盖度 /%
混交林	马尾松、象草、五节芒、毛蕨、芒萁、铁线蕨、海金沙、夹竹桃、链荚木、猪屎豆、山毛豆、盐肤木、狗尾草、蒲公英、泡桐、飞蓬、野古草、酢浆草	马尾松、夹竹桃、象草	毛蕨、芒萁、铁线蕨、海金沙、盐肤木、狗尾草、蒲公英、飞蓬、野古草、酢浆草	95.00
象草+夹竹桃	象草、夹竹桃、铁线蕨、葛藤	象草、夹竹桃	铁线蕨、葛藤	90.00
马尾松+五节芒	马尾松、五节芒、链荚木、葛藤、水蓼、蜘蛛兰、飞蓬	马尾松、五节芒	葛藤、水蓼、蜘蛛兰、飞蓬	90.00
桉树林	尾叶桉、葛藤	尾叶桉	葛藤	60.00

9.6.2　物种多样性指数

物种多样性在群落学研究中得到广泛应用，它是通过度量群落中植物种的数目、个体总数以及物种多度分布的均匀程度来表征群落的组织水平，而物种多样性指数是表征群落特性的重要指标，在反映群落的生境差异、结构类型、演替阶段和稳定程度等方面均有一定的意义。植物群落的 α 多样性是表征群落组成结构的重要指标。群落的物种多样性影响生态系统的结构与功能，当一个生态系统的物种多样性发生变化时（物种的灭绝或新物种的引进），生态系统的功能也将发生变化。对于物种多样性指数（即 α 多样性指数）的计算，许多学者提出了不同的计算公式，归纳起来可以分为三类，即丰富度指数、多样性指数和均匀度指数。本书采用较为普遍的 4 个植物 α 多样性指数衡量不同修复措施群落植物物种多样性，即物种丰富度指数（S）、Shannon-Wiener 指数（H）、Simpson 指数（D）和 Pielou 均匀度指数（J）。

不同植被恢复模式物种丰富度指数如图 9.6 所示，不同植被恢复模式 Simpson 指数如图 9.7 所示，不同植被恢复模式 Shannon-Wiener 指数如图 9.8 所示，不同植被恢复模式 Pielou 均匀度指数如图 9.9 所示。

不同植被恢复模式，样地的物种多样性有较大差异，不同植被恢复模式物种丰富度指数从大到小依次为混交林、马尾松+五节芒、象草+夹竹桃、桉树林；按 Simpson 指数为混交林、象草+夹竹桃、马尾松+五节芒、桉树林；按 Shannon-Wiener 指数为混交林、马尾松+五节芒、象草+夹竹桃、桉树林；按 Pielou 均匀度指数为混交林、马尾松+五节芒、桉树林、象草+夹竹桃。上述 4 种表示多样性的指数，混交林的均为最高，可能的原因是，混交林在种植时主要植物种为马尾松、夹竹桃、象草，并在前期间植了猪屎豆、山毛豆，土壤改良效果好，有利于植物定居。

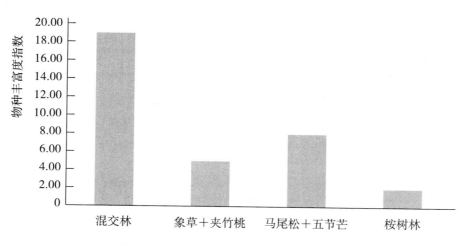

图 9.6　不同植被恢复模式物种丰富度指数

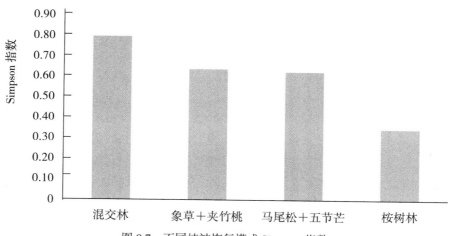

图 9.7　不同植被恢复模式 Simpson 指数

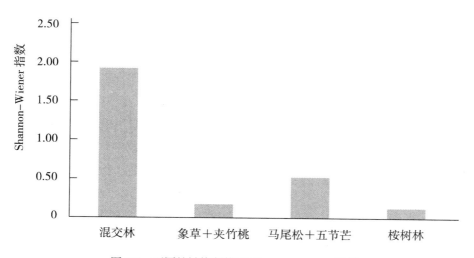

图 9.8　不同植被恢复模式 Shannon-Wiener 指数

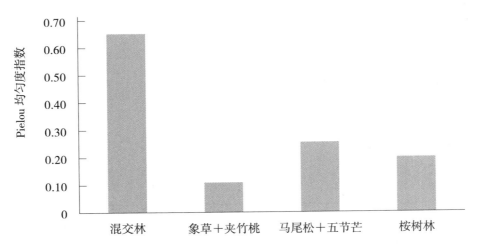

图 9.9　不同植被恢复模式 Pielou 均匀度指数

9.7　本章小结

对大宝山矿区 4 种主要植被恢复模式的土壤物理性质、土壤化学性质、重金属含量、土壤酶活性、土壤微生物、物种多样性等进行测试分析，结果表明，虽然不同植被恢复模式下土壤特性有所不同，但都高于对照裸地，表明植被恢复有效改善了土壤状况，表现为土壤容重减小，孔隙度增加，有机质含量和 N、P 等营养元素含量增加。而在 4 种植被恢复模式中，以混交林的土壤改良效果总体最好，混交林以马尾松、夹竹桃、象草为优势种，并在植被恢复早期间植了猪屎豆、山毛豆，其物种丰富度指数、Shannon–Wiener 指数、Simpson 指数和 Pielou 均匀度指数均显著高于其他 3 种植被恢复样地。因此，马尾松＋夹竹桃＋象草，并间播猪屎豆、山毛豆的植被恢复模式可以作为大宝山矿区植被恢复的优选模式。

第10章 基于沟、渠、库、厂联合运用的 金属矿区酸性废水防控措施

　　我国金属矿主要为硫化矿，采选过程中残留的金属硫化物暴露在氧化环境中，在水、空气和生物的共同作用下会产生大量含重金属离子的酸性矿山废水（Acid Mine Drainage，AMD）[173]。酸性矿山废水具有 pH 值低、氧化性强、重金属离子浓度大、成分复杂、污染面广、影响时间长等特点[174-175]，对环境影响极大[176-177]，给人们的健康和安全构成巨大风险，因此酸性矿山废水的有效防控是一个非常重要的研究课题。目前国内对酸性矿山废水的防控多注重末端治理，常用的处理技术有中和法、沉降法、吸附法等[178]，但这些末端处理方法都存在运行处理费用高昂、产生二次污染等问题。近些年来，诸如雨污分流、覆盖法、表面钝化处理法等酸性矿山废水源头控制技术得到了重视[179-181]，可从源头上减少酸性废水的形成，但这些源头控制技术还不成熟，在工程上尚未得到广泛应用。

　　广东省大宝山矿经过多年露天开采，加上缺乏有效管制的民采，大量含重金属离子的酸性废水进入下游水系和农田，给周围环境带来严重污染，对该地区人群的健康造成威胁。据林初夏等的调查和研究，大宝山矿区外排的酸性废水主要源自李屋拦泥库，李屋拦泥库外排酸性废水的治理已成为一项重要而紧迫的任务。本章对广东省大宝山矿李屋拦泥库酸性废水防控策略进行了研究，探讨了联合应用酸性矿山废水源头控制与末端治理技术的途径，以期为矿区外排酸性废水的治理提供科学依据。

10.1 酸性废水防控总体思路

　　李屋拦泥坝上游控制集水面积约为 13.32km², 根据周边凉桥雨量站 1982 年以来日雨量系列资料分析，库区 5 年一遇年降水量 $H_{年·P=20\%}$ 为 2107.48mm，10 年一遇年降水量 $H_{年·P=10\%}$ 为 2263.12mm，径流系数根据库区下垫面条件确定为 0.7，推算得出 5 年一遇径流量 $W_{年·P=20\%}$ 为 $1.965\times10^7m^3$，10 年一遇径流量 $W_{年·P=10\%}$ 为 $2.11\times10^7m^3$。如果这些降雨径流全部入库，将在拦泥库内形成酸性废水，处理这些废水的成本极高。库区内含酸性物质的堆积物主要集中在"V"形山谷的谷底，而山谷两侧山坡为未被采矿破坏的林地，植被生长良好，该区域径流在入库之前尚未污染，可以将该区域清水截至拦泥库下游天然沟道，

实现雨污分流。剩余径流进入李屋拦泥库后受到污染形成酸性废水，对于这部分废水，经过拦泥库的调蓄后进入污水处理厂处理，实现达标排放。

　　基于以上分析，外排酸性废水治理的总体思路是：坚持"源头防控、末端治理"的原则，建设截排水工程对李屋拦泥库集水区地表径流进行雨污分流，尽可能减少酸性废水产生量的基础上，合理利用拦泥库拦蓄调节作用和污水处理厂的末端处理，通过沟（截水沟）、渠（排水渠）、库（拦泥库）、厂（污水处理厂）的联合运用，对酸性废水进行控制和处理，达到一定标准下废水不外排的目的。酸性废水防控技术体系如图 10.1 所示。

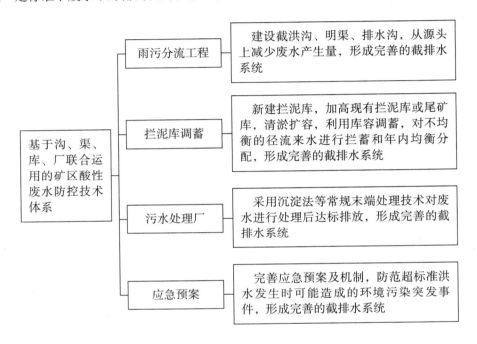

图 10.1　酸性废水防控技术体系

10.2　防控技术体系及工程规模

10.2.1　雨污分流

　　根据对李屋拦泥库集水区现状所做的调查，污水区主要包括"V"形山谷谷底排土覆盖范围、民采破坏及拦泥库库面范围，面积约为 7.33km²，此范围内的污水汇流到李屋拦泥库，后经污水处理厂处理；清水区包括"V"形山谷两侧山坡植被生长良好的区域，面积约为 5.99km²，此范围内的清水经截洪沟、排洪渠引至李屋拦泥库下游河道。

　　工程区域无实测流量资料，雨污分流工程的洪水采用设计暴雨推求法计算洪峰流量，设计标准为 1 年一遇，采用明渠均匀流公式计算截排水工程水力断面要素。雨污分流工程包括建设 1 ~ 11 号截洪沟、明渠、1 ~ 14 号截洪坝、排洪主隧洞、1 ~ 5 号竖井，形成完善的截排水系统，将清水区降雨径流截流后排至库区下游沟道。雨污分流工程断面及过流情况见表 10.1。

表 10.1　雨流分污工程断面及过流情况

名称	纵坡（I）	糙率（n）	底宽（B）/m	设计侧墙高度（$H_{墙}$）/m	设计水深（$H_{水}$）/m	过流面积（A）/m²	湿周（X）/m	水力半径（R）/m	谢才系数（C）/（m⁰·⁵/s）	最大过流量（Q）/（m³/s）
1 号截洪沟	0.010	0.014	0.80	0.80	0.80	0.64	2.40	0.27	57.31	1.89
2 号截洪沟	0.015	0.014	0.60	0.60	0.60	0.36	1.80	0.20	54.62	1.08
3 号截洪沟	0.027	0.014	0.60	0.60	0.60	0.36	1.80	0.20	54.62	1.45
4 号截洪沟	0.010	0.014	2.20	2.00	2.00	4.40	6.20	0.71	67.46	25.01
5 号截洪沟	0.020	0.014	1.40	1.40	1.40	1.96	4.20	0.47	62.91	11.91
6 号截洪沟	0.020	0.014	1.10	1.10	1.10	1.21	3.30	0.37	60.43	6.26
7 号截洪沟	0.015	0.014	1.10	1.10	1.10	1.21	3.30	0.37	60.43	5.49
8 号截洪沟	0.015	0.014	0.60	0.60	0.60	0.36	1.80	0.20	54.62	1.08
9 号截洪沟	0.010	0.014	1.30	1.30	1.30	1.69	3.90	0.43	62.14	6.91
10 号截洪沟	0.010	0.014	1.30	1.00	1.00	1.30	3.30	0.39	61.16	4.99
11 号截洪沟	0.010	0.014	0.70	0.70	0.70	0.49	2.10	0.23	56.04	1.33
排洪渠	0.015	0.014	1.60	1.50	1.50	2.40	4.60	0.52	64.09	13.61

10.2.2　拦泥库调蓄及污水处理厂

拦泥库基本淤满，已无调蓄能力，为减小下游污水处理厂规模，须进行扩容，增加其调蓄能力。扩容最直接有效的方法是加高拦泥坝，但拦泥坝西侧有一国道通过，而且拦泥坝于 2005 年已进行过加高，在国道不改造的情况下拦泥坝已无加高空间，只能采用清淤的方法腾出库容。清淤腾库时可分片分区采用绞吸式清淤船进行施工。清淤扩容后，进入拦泥库的不均衡径流经拦泥库的拦蓄调节，由管道均匀排至污水处理厂处理。污水处理厂采用两级混凝沉淀工艺，处理污水中的 Mn、Zn、Cu、Fe 等金属污染物及其他污染物，废水处理后排入下游天然河道。

考虑到当前投入水平和经济承受能力，采用 5 年一遇降雨条件下污水不外排作为设计标准。清淤扩容及污水处理厂规模由径流调节计算结果确定，径流调节的原理为水量平衡原理，水量平衡方程［式（10-1）］为

$$\triangle V = (Q_{入} - q_{出}) \triangle t \qquad (10-1)$$

式中　$\triangle t$——计算时段；

$Q_入$——计算时段$\triangle t$内的水库入库流量；

$q_出$——计算时段$\triangle t$内水库出库流量，包括用水量、蒸发损失量、渗漏损失量等；

$\triangle V$——计算时段$\triangle t$内蓄水量的变化值。

参照年调节水库兴利库容的计算方法，根据李屋拦泥库设计代表年来水过程，扣除雨污分流的清水量、水库蒸发和渗漏等损失水量，结合设定的用水量进行径流调节（完全年调节）计算，求得的兴利库容即为清淤扩容量，设定的用水量即为污水处理厂规模。依据径流调节计算结果，要保证$p=20\%$典型年丰水期酸性废水不外排，清淤扩容库容为281万 m^3，污水处理规模为 4.5 t/d，污水处理厂年运行天数为312d。即在建设清污分流工程的基础上，清淤腾空拦泥库调节库容281万m^3，建设处理规模为4.5万 t/d的污水处理厂。

10.3 讨论

通过实施雨污分流工程，最大截流能力约为35m^3/s，年均截流量约为380万 m^3，年均截流量约占库区总径流量的45%，大大减少了酸性废水产生量。理论上讲，雨污分流截流量越大，末端治理的污水量就越小，外排水防控的标准就可以越高，但截流工程规模的确定受集水区地形条件、施工和投资等多方面的限制。本书提出的雨污分流工程规模按能截走1年一遇洪水计算确定，是基于地形条件、投资和已有截排水工程现状等多因素综合考虑。如按满足更高过流标准实施建设，如20年一遇洪水过流要求确定截洪沟规模，以4号截洪沟为例，断面宽4.1m、高2.1m。以工程区现有地形，除本身施工难度较大外，还会产生较大的挖填方量，形成高陡边坡，可能引发水土流失甚至滑坡等地质灾害。因此，单一地扩大截洪沟断面以提高外排酸性废水的防控标准并不可取。

拦泥库位于山区，山区洪水的特点是暴涨暴落，流量大，历时短，径流在年际年内的分布极不均衡。雨污分流后，入库径流通过拦泥库的库容调节，将洪水期产生的短历时、高洪量酸性废水蓄存在拦泥库中，通过污水管道均衡、有计划地排至污水处理厂处理。由于拦泥库调节库容及污水处理厂规模采用完全年调节水库兴利库容的计算方法确定，显而易见，经拦泥库调蓄后，不均衡径流来水按照污水处理厂规模重新进行了年内分配，重新分配后的流量要远小于洪峰流量，且全年不发生弃水（即达到完全处理），不仅降低了短历时暴雨下大规模处理高洪量废水的风险，也减小了污水处理厂建设规模和投入。此外，为进一步减轻污水处理厂的处理压力，还可对拦泥库蓄滞的酸性废水采取石灰中和法进入预处理。

本书提出的基于沟、渠、库、厂联合运用的李屋拦泥库外排水防控方案，可以达到在5年一遇降雨条件下丰水期酸性废水不外排的防控目标。然而，由于洪水发生是一个随机事件，须应对可能遭遇的超标准洪水。可在下游建设应急坝，并设置抛洒石灰等中和剂和絮凝剂的作业平台，同时完善应急预案及机制，防范超标准洪水发生时可能造成的环境污染突发事件。

10.4　结论与展望

广东省大宝山矿外排酸性废水已对下游的农田和水系造成污染，必须治理。本书构建的大宝山矿酸性废水综合防控技术体系包括雨污分流、拦泥库调蓄、污水处理 3 个部分。确定防控标准后，采用通用的洪水、径流调节等水文计算方法比选、确定各部分的工程规模，通过沟（截水沟）、渠（排水渠）、库（拦泥库）、厂（污水处理厂）的联合运用，可以控制酸性废水在设计标准下不外排。该技术体系的基础是雨污分流，从源头上减少酸性废水产生量；核心是拦泥库调蓄，对不均衡的径流来水进行拦蓄和年内均衡分配；关键是污水处理厂，最终的废水通过沉淀法等常规末端处理技术进行处理后达标排放。

据统计[182]，在我国，每开采 1t 矿石，废水的排放量约为 1m³，全国酸性矿山废水年排放量约为 36 亿 t，占全国工业废水总排放量的 10% 左右，而处理率仅为 4.28%[183]，这与"绿水青山就是金山银山"的理念极不相称，酸性矿山废水治理任务艰巨。本书提出的将酸性矿山废水源头控制技术与末端治理技术相结合的综合技术体系，为金属矿区酸性矿山废水的防控提供了一个全新的解决思路，可用于类似矿山酸性废水的治理。在应用该技术体系时应注意：①防控标准应根据酸性废水污染现状、经济水平、施工难度等综合确定，并制定超标准洪水条件下的应急预案；②末端污水处理厂的规模与雨污分流、拦泥库调蓄库容直接相关，雨污分流工程规模和拦泥库调蓄库容越大，末端污水处理厂的规模就越小，由于雨污分流工程、拦泥库均是一次性投资，而污水处理厂的运行费用较高且是长期投入，因此在可能的条件下，应尽量提高雨污分流工程规模和拦泥库调蓄库容；③调蓄库容可根据矿山条件采用新建拦泥库、加高现有拦泥库或尾矿库、清淤扩容等多种方法实现，新建拦泥库、加高拦泥库或尾矿库必须按照行业规程规范进行设计、施工和管理，确保安全运行。

第 11 章 水土流失综合防控对策

大宝山矿区生态环境治理修复的首要任务是对矿区水土流失进行防控,重点在土,难点在水。对于"土",通过基质改良,筛选适生植物,开展植被恢复,控制矿区泥沙下泄。目前,大宝山矿还在生产,根据矿区现状及矿区发展规划,急需恢复植被的区域主要集中在矿区采场已完成开采区域和排土场等废弃地,主要包括铁矿开采结束区、铜矿露采区、1 号和 2 号弃渣堆场、内排土场。对于"水",应基于沟、渠、库、厂联合运用,控制酸性废水在一定标准下不外排。本章在深入调查分析的基础上,结合前文研究成果,提出了大宝山矿区水土流失防控对策。

11.1 技术措施

11.1.1 措施布置原则

根据矿区水土流失特征及植被恢复技术研究成果,水土流失防治措施布设应工程措施与植物措施相结合,永久工程和临时工程相结合,尽量增加对新扰动土的覆盖或处理,统筹布置水土流失防治体系。在防治措施具体配置中,要以工程措施为先导,充分发挥其速效性和控制性,同时发挥植物措施的后续性和生态效应,形成一个完整的水土流失防治体系。

工程措施方面,矿区以水力侵蚀为主,排水措施是防治水土流失的重要措施,根据矿区地形地貌与水系分布,在充分利用现有排水通道的基础上,新建排水设施并与周边水系相接,形成完善的排水系统,坡面截水沟、排水沟防御暴雨标准按 10 年一遇降水量设计;对高陡边坡进行削坡处理,截短坡长,放缓坡度;松散堆积土方面,在下方做好拦挡,防止泥沙下泄。植物措施方面,先对土壤进行改良,然后遵循乔、灌、草相结合,多树种相结合的原则,选择本书推荐的植物种,并在前期间作山毛豆、猪屎豆等豆科种,后期加强抚育管理。

11.1.2.　植被恢复

11.1.2.1　不同废弃地土壤性状

土壤是制约矿区废弃地植被恢复的关键因子。为了解土壤性质，在矿区不同废弃地采集了多个土样，对土壤性状及部分重金属元素含量进行测试。大宝山矿区不同废弃地土壤主要化学性质见表 11.1，重金属含量可见表 7.2。

表 11.1　大宝山矿区不同废弃地土壤主要化学性质

采样地	pH 值	有机质含量/（g/kg）	全磷含量/（g/kg）	有效磷含量/（mg/kg）	有效氮含量/（mg/kg）	有效钾含量/（mg/kg）
铁矿开采结束区	4.12	1.53	0.19	1.89	6.95	13.58
铜矿露采区	2.22	38.81	0.76	0.75	6.87	14.12
1 号弃渣堆场	3.20	33.04	0.11	1.51	3.98	5.57
2 号弃渣堆场	2.53	10.05	0.72	0.94	61.21	15.99
内排土场 781 台阶	3.83	7.09	0.86	0.94	6.51	10.28
内排土场 761 台阶	4.51	1.34	0.60	0.65	5.41	6.64

由表 11.1 可以看出，矿区废弃地土壤的化学性质普遍较差。矿区废弃地土壤 pH 值为 2.22 ～ 4.51，大部分土壤呈强酸性。土壤的全磷和有效磷含量均较低，有效氮含量是该地区森林土壤的 1/44。土壤有机质含量数处不超过 5g/kg，不到该地区森林土壤的 1/10。由第 7 章的分析可知，矿区废弃地土壤中的重金属元素普遍超标。

根据对矿区废弃地土壤所做的调查，可知矿区废弃地土壤物理性状也较差，在铁矿开采结束区、铜矿露采区，大部分为裸露的岩石，其他地段的土壤也基本是 C 层土，含石砾多，易板结，保水保肥能力差。

11.1.2.2　基质处理和整地方法

矿区矿石大面积裸露，使金属硫化物不断氧化，在降水和径流的冲蚀下，不断释放出新的酸性物质，而大量酸性物质的存在，又加剧了土壤重金属的活化，酸性物质和重金属的毒害又阻碍了裸地的植被恢复，从而形成一种恶性循环。因此，植被恢复区域需要覆土，以阻止硫化物的氧化。

以 1% 的熟石灰和 3% 经无害化处理的猪粪为改良剂，对土壤进行改良。矿区土壤板结，保水保肥能力差，水土流失严重，造林还要考虑保水问题。在坡地造林时，可用挖"品"字形鱼鳞状穴的方式，另外尽量挖大穴，以提高保持水土的能力。

（1）铁矿开采结束区。开采结束后矿区成台阶状，平均高为 12m 左右，平台宽 7 ～ 16m。在各级平台覆土，覆土来自内排土场，覆土厚度为 50cm，平台内侧开挖排水沟，用干砌石衬砌，出口与周边排水沟相接，平台外侧用袋装土拦挡。覆土后全面整地，耕作深度不小于 20cm，并施改良剂 3kg/m²。穴状整地规格为 50cm×50cm×40cm，每穴施改良剂 6kg。

（2）铜矿露采区。2000 年铜矿露采结束后，已对坡面松散危石进行了清除，对边坡台阶及平台进行了修整，形成了台阶状稳定坡面。阶高 10～12m，平台宽 4～8m。基质处理同铁矿开采结束区。穴状整地规格为 40cm×40cm×30cm，每穴施改良剂 4kg。

（3）弃渣堆场。1 号、2 号弃渣堆场位于矿区采场入口道路旁，主要由前期露采剥离弃土及井采掘进弃渣组成，大量的松散堆积体形成两座小山，完全裸露，水土流失严重。为保证堆渣体稳定，根据地形对堆渣边坡削坡开级、分级，1 号弃渣堆场采用大平台形削坡开级，削坡按 18m 设一级，分级处设 6m 宽的平台，形成 1：2 的坡面；2 号弃渣堆场采用阶梯形削坡开级，削坡按 8m 设一级，分级处设 2m 宽平台，削坡后堆渣面坡降为 1：1.5。削坡后压实坡面，平台及坡顶设砖砌截水沟并与两侧现有沟道贯通。穴状整地规格为 50cm×50cm×40cm，每穴施改良剂 5kg。

（4）内排土场。内排土场主要堆放 1998 年前铁矿露天开采的弃土。结合铁矿开采结束区、铜矿露采区覆土施工，对坡面进行阶梯形削坡开级，形成 1：2 的坡面，每隔 8m 设一平台。平台及坡顶设砖砌截水沟并与两侧现有沟道贯通。平台采用穴状整地，整地规格为 40cm×40cm×30cm，每穴施改良剂 3kg。坡面以鱼鳞坑整地，沿等高线成"品"字形布置，长径为 60cm，短径为 40cm，每穴施改良剂 7kg。

11.1.2.3　造林及抚育管理要求

遵循乔、灌、草相结合，多树种相结合的原则，选择泡桐、马尾松、夹竹桃、象草、五节芒、狗牙根作为大宝山矿区植被恢复的植物种，并在前期间作山毛豆、猪屎豆。

植树季节以春季为主，最好在透雨后的阴雨天栽植。栽植时须去除营养袋后带土栽植，适当深栽，比苗木地径深 1～2cm，回土要细，压土要实。

矿区环境较为恶劣，为提高成活率，造林尽量密植，并下覆草本。密植可尽快形成森林环境，有利于提高树木的抗逆性，提高林地覆被率，减少水土流失，增加凋落物，改善土壤的理化性状。

为提高成林速度，用容器苗造林，建议采用 1～2 斤袋容器苗，特殊地段可用 5 斤袋，苗龄为 1～2a。草本用根蘖繁殖，并用容器育苗，缩短上山后的恢复期，使其快速覆盖造林地，保持水土。

造林当年应抚育 2 次，第一次应在植后 3 个月进行，主要包括检查成活率、培土、并行补植；第二次在 9 月底前进行，包括松土、扩穴、加石灰、施复合肥，发现死株即行补植。第 2 年和第 3 年，每年抚育一次，在 5 月进行为好。

11.1.3　抓好控制性工程

加强生产管理，严格控制采矿扰动范围。优化采剥推进方式，矿产资源做到"吃干榨尽"，实现精准采矿、无废开采。进一步改造工艺流程，提高产品品质，实现矿产资源高效综合利用。改进回收设施，削减排污总量。实施雨污分流，新建大型治污设施，确保矿区污水 100% 循环利用。

11.2　管理措施

11.2.1　明确治理责任，落实水土流失防治义务

　　大宝山矿区的水土流失及水污染等环境问题较复杂，有历史的原因，也有社会因素的影响。1984 年以前，大宝山矿的开采对周边环境的影响比较小，因为该矿按照有关规范要求建设了尾矿库和拦泥库，矿区的废水和泥沙基本没有流出采矿范围。但由于当时法律法规不健全，矿区内水土保持工作没有很好开展，没有一个指导全局的水土保持规划，没有及时对开采后的区域做好植被恢复工作，在水土保持上欠下了许多旧账。此外，民采民选也是造成矿区出现严重水土流失的一个重要因素。1984 年以后，个体采矿不断蚕食国营大宝山矿场，众多民采民选业主在矿区范围内采挖矿石和洗矿，大量废水、泥沙流入大宝山矿业有限公司所属的拦泥库和尾矿库，致使李屋拦泥库库容大部分被民采民选产生的泥沙占据，使用寿命比设计缩短了近 40 年，每遇洪水，夹带大量泥沙与有毒的废水从拦泥坝溢出并流向下游。这部分水土保持问题是由社会历史原因造成的。

　　大宝山矿区的水土流失治理，除了大宝山矿业有限公司外，还应包括历史遗留的民采民选在内所有矿点的整治，只有把包括民采民选造成的水土流失一并列入整治范围，矿区的水土流失才能从根本上得到治理。目前，首要任务是依据《中华人民共和国水土保持法》，根据"谁造成水土流失谁负责治理"的原则，从尊重历史、面对现实和既解决问题、投资又能承受的角度，明确大宝山矿区的水土流失治理责任。大宝山矿业有限公司水土流失防治责任的范围是其土地使用范围内约 665hm²，包括用地范围内的民采民选点造成的水土流失区域。665hm² 范围之外采矿选矿点，目前仍在生产的，由相应自然人或法人负责对其用地范围内的水土流失进行治理（包括历史上遗留的由民采民选造成的水土流失的治理）。目前已废弃不能落实责任主体的，由政府实施治理。

11.2.2　强化监管，遏制新的人为水土流失

　　对大宝山地区的生产建设项目（包括所有矿点）进行一次全面检查，凡未制定水土保持方案的要限期补报；对已有水土保持方案，但没有落实水土保持"三同时"制度（水土保持设施与主体工程同时设计，同时施工，同时投产使用）而造成人为水土流失的，限期改正或停业治理。广泛宣传水土保持法律法规，增强矿区相关单位或个人的水土保持法律意识、国策意识，自觉做好生产建设过程中的水土保持工作。

11.2.3　合理安排，稳步推进矿区水土保持措施建设

对整个矿区水土流失现状进行全面普查，制定包括大宝山矿业有限公司及其他所有采矿点在内的整个矿区的水土流失综合治理规划，统筹矿区水土流失治理工作。根据"先易后难，重点突破"的原则，合理安排工程建设进度。

大宝山矿业有限公司及能落实责任主体的，应根据《中华人民共和国水土保持法》的规定，在其建设投资或生产费用中安排水土流失专项治理资金。不能落实责任主体的废弃矿点，根据轻重缓急，纳入水土流失综合治理项目实施治理。同时，要制定相关优惠政策，鼓励企业进行废物再利用和环境治理，减少废弃物排放，加快环境治理。

11.3　本章小结

大宝山矿区的植被恢复及水土流失治理，应包括大宝山矿业有限公司及民采民选在内所有矿点的整治。近些年来，大宝山矿业有限公司深入贯彻"绿水青山就是金山银山"的理念，以绿色矿山建设为契机，制定了"源头防控、过程阻断、末端治理、风险防范"的策略，整合多种资金，先后开展土壤修复治理工程、植树造林工程、矿山地质灾害治理工程和节能减排工程，大刀阔斧地推行水土流失和环境综合整治，大宝山矿生态恢复项目连续两届在广东省国土空间生态修复十大范例评选中获奖，成效显著。然而，大宝山矿区的水土流失治理是一个长期的过程，必须进行全面规划，多管齐下，从明确治理责任入手，强化监管，综合规划，统筹安排，加强科研，紧抓矿区水土保持控制性工程，控制矿区内的水土流失，改善生态环境，达到建设和谐矿区的目标。

参考文献

［1］ 国土资源部. 全国矿产资源规划（2008—2015 年）［EB］. 2008.

［2］ 聂洪峰，杨金中，王晓红，等. 矿产资源开发遥感监测技术问题与对策研究［J］. 国土资源遥感，2007（4）：11–13.

［3］ 武强. 我国矿山环境地质问题类型划分研究［J］. 水文地质工程地质，2003，30（5）：107–112.

［4］ 刘玉强，郭敏. 我国矿山尾矿固体废料及地质环境现状分析［J］. 中国矿业，2004，13（3）：1–5.

［5］ 司雪侠，戴斌. 浅谈我国矿产资源开发的环境问题及对策探索［J］. 榆林学院学报，2010，20（5）：64–66，80.

［6］ 耿殿明，姜福兴. 我国煤炭矿区生态环境问题分析［J］. 中国煤炭，2002，28（7）：21–24.

［7］ 张志权，束文圣，廖文波，等. 豆科植物与矿业废弃地植被恢复［J］，生态学杂志，2002，21（2）：47–52.

［8］ 夏汉平，蔡锡安. 采矿地的生态恢复技术［J］. 应用生态学报，2002，13（11）：1471–1477.

［9］ 谭永红，夏卫生. 矿区生态恢复研究［J］. 湖南第一师范学报，2007，7（1）：170–172.

［10］ 高国雄，高保山，周心澄，等. 国外工矿区土地复垦动态研究［J］. 水土保持研究，2001，8（1）：98–103.

［11］ 代宏文. 澳大利亚矿山复垦现状［C］. 周树理. 矿山废地复垦与绿化. 北京：中国林业出版社，1995.

［12］ 周树理，刘仁英. 国外复垦经验简介［C］. 周树理. 矿山废地复垦与绿化. 北京：中国林业出版社，1995.

［13］ 李宗禹. 前苏联林业土地复垦［C］. 周树理. 矿山废地复垦与绿化. 北京：中国林业出版社，1995.

［14］ SCHUMAN G E, KARLEN D L, WRIGHT R J, et al. Revegetation bentonite mine-spoils with sawmill by-products and gypsum［C］. Agriculture utilization of urban and industrial by–products proceeds，1995.

［15］ Leirós M C，Gil–SOTRES F，TRASAR–CEPEDA M C，et al．Soil recovery at Meirama opencast lignite mine in northwest Spain：a comparison of the effect iveness of cattle slurry and inorganic fertilizer［J］．Minesite revegetation and soil pollution．1996（91）：109–124.

［16］ BLAGA G．20 years of experiments on the reclamation by surface mining in Transylvania ［J］．Buletinul–university–destiinte–cluj–Napoca–sreia–Agriculture–Si–Horticulture，1994（48）：107–114.

［17］ 魏焕鹏，党志，易筱筠，等．大宝山矿区水体和沉积物中重金属的污染评价［J］．环境工程学报，2011，5（9）：1943–1949.

［18］ 周建民，党志，司徒粤，等．大宝山矿区周围土壤重金属污染分布特征研究［J］．农业环境科学学报，2004，23（6）：1172–1176.

［19］ 周建民，党志，蔡美芳，等．大宝山矿区污染水体中重金属的形态分布及迁移转化［J］．环境科学研究，2005，18（3）：5–10.

［20］ 林初夏，龙新宪，童晓立，等．广东大宝山矿区生态环境退化现状及治理途径探讨［J］．生态科学，2003，22（3）：205–208.

［21］ 蔡美芳，党志，文震，等．矿区周围土壤中重金属危害性评估研究［J］．生态环境，2004，13（1）：6–8.

［22］ 李永涛，张池，刘科学，等．粤北大宝山高含硫多金属矿污染的水稻土壤污染元素的多元分析［J］．华南农业大学学报，2005，26（2）：22–25，34.

［23］ 吴永贵，林初夏，童晓立，等．大宝山矿水外排的环境影响：Ⅰ．下游水生生态系统［J］．生态环境，2005，14（2）：165–168.

［24］ 邢宁，吴平霄，李媛媛，等．大宝山尾矿重金属形态及其潜在迁移能力分析［J］．环境工程学报，2011，5（6）：1370–1374.

［25］ 束文圣，张志权，蓝崇钰．中国矿业废弃地的复垦对策研究（Ⅰ）［J］．生态科学，2000，19（2）：24–29.

［26］ 宋书巧，周永章．矿业废弃地及其生态恢复与重建［J］．矿产保护与利用，2001（5）：43–49.

［27］ 卫智军，李青丰，贾鲜艳，等．矿业废弃地的植被恢复与重建［J］．水土保持学报，2003，17（4）：172–175.

［28］ 吕春娟，白中科，赵景逵．矿区土壤侵蚀与水土保持研究进展［J］．水土保持学报，2003，17（6）：85–88，91.

［29］ 中国农业百科全书总编辑委员会水利卷编辑委员会．中国农业百科全书：水利卷［M］，北京：农业出版社，1986.

［30］ 刘利年．国内外开发工矿区造成的恶果和垦复经验［J］．水土保持通报，1986（2）：75–80.

［31］ 王青杵．煤炭开采区废弃物堆置体坡面侵蚀特征研究［J］．中国水土保持，

1998（8）：26-29.

［32］ 王青杵，王贵平. 黄土高原煤炭开采区水土流失特征的研究［J］. 水土保持研究，2001，8（4）：83-85，132.

［33］ 倪含斌，张丽萍，张登荣. 模拟降雨试验研究神东矿区不同阶段堆积弃土的水土流失［J］. 环境科学学报，2006，26（12）：2065-2071.

［34］ 王文龙，李占斌，李鹏，等. 神府东胜煤田原生地面放水冲刷试验研究［J］. 农业工程学报，2005，21（z1）：59-62.

［35］ 胡振华，王电龙，呼起跃. 煤矸石松散堆置体坡面侵蚀规律研究［J］. 水土保持学报，2007，21（3）：23-27.

［36］ 张金柱，耿绥和，刘红梅. 晋陕蒙接壤区煤田开发引起的水土流失研究［J］. 山西水土保持科技. 1999（1）：11-14.

［37］ 高学田，唐克丽，张平仓，等. 神府-东胜矿区一、二期工程中新的人为加速侵蚀［J］. 水土保持研究，1994，1（4）：23-35.

［38］ 张丽萍，唐克丽，陈文亮. 人为泥石流起动及产沙放水冲刷实验——以神府-东胜矿区为例［J］. 自然灾害学报，2000，9（4）：94-98.

［39］ 高学田，唐克丽. 神府-东胜矿区风蚀水蚀交互作用研究［J］. 土壤侵蚀与水土保持学报，1997（4）：2-8.

［40］ 吴成基，甘枝茂，惠振德，等. 神府—东胜矿区土壤侵蚀规律及分区治理［J］. 陕西师范大学学报（自然科学版），1996，24（2）：89-93.

［41］ 张汉雄，王占礼. 神府—东胜煤田开发对乌兰木伦河河道淤积与输沙的影响［J］. 水土保持研究，1994，1（4）：60-71，126.

［42］ 孙忠堂. 晋陕蒙接壤区煤田开发中的环境建设问题［J］. 水土保持通报，1997（S1）：63-66.

［43］ 张胜利，任京柱. 开矿对小流域水沙的影响研究［J］. 水土保持学报，1992（2）：76-79.

［44］ 靳长兴. 神府东胜煤田开发对河流泥沙的影响研究［J］. 西安理工大学学报，1996，12（3）：207-211.

［45］ 石辉，田锋，黄林，等. 红壤区稀土矿开发导致河流泥沙淤积量的估算——以江西省信奉县崇墩沟小流域为例［J］. 水土保持通报，2005，25（6）：53-54，58.

［46］ 白中科，段永红，杨红云，等，采煤沉陷对土壤侵蚀与土地利用的影响预测［J］. 农业工程学报，2006，22（6）：67-70.

［47］ 张平仓，王文龙，唐克丽，等. 神府-东胜矿区采煤塌陷及其对环境影响初探［J］. 水土保持研究，1994，1（4）：35-44.

［48］ 雷霆，董兆祥，吕建红. 神府—东胜胜煤田地表塌陷预测及防治［J］. 桂林工学院学报，1997，17（2）：132-136.

［49］ 胡振琪. 我国煤矿区的侵蚀问题与防治对策［J］. 中国水土保持，1996（1）：11-13，61.

［50］ 张宇，高永，汪季，等. 伊敏露天煤矿排土场坡面水蚀特征研究［J］. 内蒙古农业大学学报（自然科学版），2011，32（2）：93-97.

［51］ 陈海迟，丁占强，杨翠林. 降雨特性与排土场边坡水力侵蚀的关系［J］. 内蒙古农业大学学报（自然科学版），2011，32（2）：103-108.

［52］ 耿宝军. 露天煤矿排土场土壤抗冲性影响因素分析［J］. 辽宁工程技术大学学报（自然科学版），2010，29（z1）：155-157.

［53］ 李智佩，徐友宁，郭莉，等. 陕北现代化煤炭开采区土地沙漠化影响及原因——以大柳塔-活鸡兔矿区为例［J］. 地球科学与环境学报，2010，32（4）：398-403.

［54］ 秦鹏，沈智慧，白喜庆，等. 神北矿区煤炭开发对土地沙漠化的影响评价［J］. 中国煤田地质，2007，19（z2）：54-56.

［55］ 夏斐. 榆神府矿区土地沙漠化发展趋势分析研究［J］. 陕西煤炭技术，2010（1）：13-15.

［56］ 李文银，王治国，蔡继清. 工矿区水土保持［M］. 北京：科学出版社，1996.

［57］ 中国土地学会土地复垦分会秘书处，河南省平顶山市郊区土地管理局. 土地复垦论文选编［G］. 1992.

［58］ 阎敬，杨福海，李富平. 冶金矿山土地复垦综述［J］. 河北理工学院学报，1999，21（s1）：43-49.

［59］ 黄河水利委员会，黄河中游治理局. 黄河水土保持志［M］. 郑州：河南人民出版社，1993.

［60］ 倪含斌. 煤炭资源开发过程中矿区水土流失动态模拟研究［D］. 杭州：浙江大学，2009.

［61］ 吕春娟，白中科. 露天排土场的岩土侵蚀特征及水保效应分析［J］. 水土保持研究，2010，17（6）：14-19.

［62］ 王治国，王春红，白中科. 黄土高原矿区水土保持及其方案编制［J］. 中国水土保持，1995（3）：27-30，62.

［63］ 卞正富，张国良，胡喜宽. 矿区水土流失及其控制研究［J］. 土壤侵蚀与水土保持学报，1998（4）：32-37.

［64］ 吴长文，欧阳菊根，欧阳毅. 采石场水土流失防治探讨［J］. 水土保持研究，1997，4（1）：22-25，29.

［65］ 林明添，陈开固，柳百操，等. 大田县矿区水土保持战略构想［J］. 福建水土保持，1992（2）：24-26，28.

［66］ 范细财. 将乐县矿区水土流失及其防治措施［J］. 福建水土保持，1992（2）：43-45.

［67］ 温用平. 稀土矿区水土保持综合治理模式初探［J］. 亚热带水土保持，2005，17（4）：66-67.

［68］ 郭在扬. 龙岩地区矿区水土流失危害及防治对策［J］. 福建水土保持，1996（1）：52-54.

［69］ 张金桃. 韶关冶炼厂矿业废弃地植被恢复措施的研究［J］. 韶关学院学报，2004，25（9）：75-78.

［70］ 赵记军，徐培智，解开治，等. 土壤改良剂研究现状及其在南方旱坡地的应用前景［J］. 广东农业科学，2007（10）：38-41.

［71］ 席嘉宾，徐昊娟，杨中艺. 矿业废弃地复垦的现状与治理对策［J］. 草原与草坪，2001，1（2）：11-14.

［72］ 李永庚，蒋高明. 矿山废弃地生态重建研究进展［J］. 生态学报，2004，24（1）：95-100.

［73］ BRADSHAW A D. The reconstruction of ecosystem［J］. Journal of applied ecology，1983（20）：1-17.

［74］ DOBSON A P，BRADSHAW A D，BAKER A J M. Hopes for future，restoration ecology and construction biology［J］. Science，1997（277）：515-522.

［75］ CAIRNS J. The Recovery process in damaged ecosystems［J］. Ann arbor science publishers，1980.

［76］ 康乐. 生态系统的恢复与重建［M］. 马世骏. 现代生态学透视. 北京：科学出版社，1990.

［77］ CAIRNS J. Rehabilitating damaged ecosystems（second edition）［M］. Boca Raton：Lewis Pubishers，1995.

［78］ CAIRNS J，LDICKSOS J K，HERRICKS E E. Rehabilitation damaged ecosystems［M］. Boca Raton：CRC press，1988.

［79］ BRADSHAW A D. Wasteland management and restoration in Western Europe［J］. Journal of ecology，1989（26）：775-786.

［80］ JORDAN W R，GILPIN M E，ABER J D. Restoration ecology：a synthetic approach to ecological research［M］. Cambridge：Cambridge university press，1987.

［81］ 全志刚. 赴德国矿区复垦考察报告［R］. 国外林业技术考察报告选编，1996：41-45.

［82］ 卢琦. 关于参加"恢复退化森林生态系统专家会议"的报告［R］. 国外林业技术考察报告选编，1996：104-107.

［83］ 刘国华，舒洪岚. 矿区废弃地生态恢复研究进展［J］. 江西林业科技，2003（2）：21-25.

［84］ 薛生国. 湘潭锰矿矿业废弃地生态恢复技术实验研究［D］. 长沙：中南林学院，2002.

［85］ JINAG G M，PUTWAIN P D，BRADSHAW A D. Response of agrostis stoloniferia to limestone and nutritional factors in the reclamation of colliery spoils［J］. Chinese journal of botany，1994，6（2）：155-162.

［86］ SMITH R A H，BRADSHAW A D. The use of metal tolerant plant populations for the reclamation of metalliferous wastes［J］. Journal of applied ecology，1979（16）：

595–612.

[87] COSTIGAN P A, BRADSHAW A D, GEMMELL R. An reclamation of acidic colliery spoil waste, I. acid production potential [J]. Journal of applied ecology, 1981 (18): 865–878.

[88] 胡克伟, 关连珠. 改良剂原位修复重金属污染土壤研究进展 [J]. 中国土壤与肥料, 2007 (4): 1–5.

[89] YE Z H, WONG J W C, WONG M H, et al. Lime and pig manure as ameliorants for revegetating lead/zinc mine tailings: a greenhouse study [J]. Bioresource technology, 1999 (69): 35–43.

[90] YE Z H, WONG J W C, WONG M H. Vegetation response to lime and manure compost amendments on acid lead/zinc mine tailings: a greenhouse study [J]. Restoration ecology, 2000, 8 (3): 289–295.

[91] YE Z H, WONG J W C, WONG M H, et al. Revegetation of Pb/Zn mine tailings, guangdong province [J]. China restoration ecology, 2000, 8 (1): 87–92.

[92] 赵默涵. 矿山废弃地土壤基质改良研究 [J]. 中国农学通报, 2008, 24 (12): 128–131.

[93] MARRS R H, BRADSHAW A D. Nitrogen accumulation, cycling and the reclamation of China clay wastes [J]. Journal of environmental management, 1982 (15): 139–157.

[94] Wang J H, Ma M. Biological mechanisms of phytoremediafion [J]. Chinese bulletin of botany, 2000, 17 (6): 504–510.

[95] CROCKER R, MAJOR J. Soil development in relation to vegetation and surface age of Glacier Bay [J]. Alaska journal ecology, 1955 (43): 427–428.

[96] HALL I G. The ecology of disused pit heaps in England [J]. Journal of ecology, 1957 (45): 689–720.

[97] JANSEN I J. Reconstructing soil after surface mining of prime agricultural land [J]. Mining engineering, 1981 (6): 312–314.

[98] JIANG G M. Theory and practice in renegotiations of mining wasteland In: the researches on degraded ecosystem in China [M]. Beijing: Chinese science & technology press, 1996: 193–204.

[99] VIRENDRA S. Utilization of medicinal plants for wasteland [J]. Journal of economic and taxonomic, 2000, 24 (1): 99–103.

[100] 朱震达, 刘恕, 邸醒民. 中国的沙漠化及其治理 [M]. 北京: 科学出版社, 1989.

[101] 束文圣, 杨开颜, 张志权, 等. 湖北铜绿山古铜矿冶炼渣植被与优势植物的重金属含量研究 [J]. 应用与环境生物学报, 2001, 7 (1): 7–12.

[102] 杨修, 高林. 德兴铜矿矿山废弃地植被恢复与重建研究 [J]. 生态学报, 2001, 21 (11): 1932–1940.

［103］ 章家恩，徐琪．恢复生态学研究的一些基本问题探讨［J］．应用生态学报，1999，10（1）：109-113.

［104］ Yong K. Destruction of ecological habitats by mining activities［J］. Agricultural ecology, 1988（16）：37-40.

［105］ 王仰麟，韩荡．矿区废弃地复垦的景观生态规划与设计［J］．生态学报，1998，18（5）：455-462.

［106］ 何书金，苏光全．矿区废弃土地复垦潜力评价方法与应用实例［J］．地理研究，2000，19（2）：165-171.

［107］ 孙泰森，白中科．大型露天煤矿废弃地生态重建的理论与方法［J］．水土保持学报，2001，15（5）：56-59，71.

［108］ 胡宏伟，姜必亮，蓝崇钰，等．广东乐昌铅锌尾矿废弃地酸化控制研究［J］．中山大学学报（自然科学版），1999，38（3）：68-71.

［109］ 陈龙乾，郭达志，张明，等．矿区地表采掘废弃地充填复垦材料及技术研究［J］．中国矿业大学学报，2002，31（1）：60-64.

［110］ 白中科，吴梅秀．矿区废弃地复垦中的土壤学与植物营养学问题［J］．煤矿环境保护，1996，10（5）：39-42.

［111］ 阳承胜，蓝崇钰，束文圣．矿业废弃地生态恢复的土壤生物肥力［J］．生态科学，2000，19（3）：73-78.

［112］ 陈芳清，卢斌，王祥荣．樟村坪磷矿废弃地植物群落的形成与演替［J］．生态学报，2001，21（8）：1347-1353.

［113］ 白中科，王文英，李晋川．中国山西平朔安太堡露天煤矿退化土地生态重建研究［J］．中国土地科学，2000，14（1）：1.

［114］ 刘世忠，夏汉平，孔国辉，等．茂名北排油页岩废渣场的土壤与植被特性研究［J］．生态科学，2002，21（1）：25-28.

［115］ 周启星，宋玉芳．污染土壤的修复原理与方法［M］．北京：科学出版社，2004：134-206.

［116］ 骆永明．金属污染土壤的植物修复［J］．土壤，1999（5）：261-265，280.

［117］ MCGRATH S P, BROOKS R R. Phytoextraction for soil remediation［J］. Plants that hyperaccumulate heavy metals, 1998：267-287.

［118］ BAKER A J M. Metal toleranee［J］. New phytol, 1987（106）：93-111.

［119］ 黄铭洪．环境污染与生态恢复［M］．北京：科学出版社，2003：131-184.

［120］ VAN ASSCHE F, CLIJSTERS H. Effects of metal on enzyme activity in plants［J］. Plant, cell and envionment, 1990（13）：19-206.

［121］ LASAT M M, BAKER A J M, KOCHIAN L V. Physiological characterization of root Zn^{2+} absorption to shoots in Zn hyperaccumulator and non-accumulator species of Thlaspi［J］. Plant physioilogy, 1996（112）：1715-1722.

［122］ VAZQUEZ M D, POSCHENRIEDER C, BARCELO J, et al. Compartment of zinc in roots and leaves of the hyperaccumulat or Thlaspi caerulescens J & C Presl［J］. Bot acta, 1994（107）: 243-250.

［123］ BAKER A J M, MCGRATH S P, Sidoli C, et al. The possibility of in-situ heavy metal decontamination of polluted soils using crops of metal-accumulating plants［J］. Resourees, conservation and recycling, 1994（11）: 41-49.

［124］ GROTZ N, FOX T, CONNOLLY E, et al. Identification of a family of zinc transporter genes from Arabidopsis that respond to zinc deficiency［J］. Proc. Natl. Acad. Sci., 1998（95）: 7220-7224.

［125］ MEAGHER R B. Phytoremediation of topic elemental and organic pollutants［J］. Current opinion in plant biology, 2000（3）: 153-162.

［126］ SALT D E, BLAYLOCK M, KUMAR N P B A, et al. Phytoremediation: a novel strategy for the removal of toxic metals from the environment using plants［J］. Biotechnology, 1995（13）: 468-474.

［127］ 张国平, 刘丛强, 杨元根, 等. 贵州省几个典型金属矿区周围河水的重金属分布特征［J］. 地球与环境, 2004, 32（1）: 82-85.

［128］ ZAYED A M, GOWTHAMAN S, TERRY N. Phytoaccumulation of trace elements by wetlands plants Ⅰ: duckweed［J］. Journal of environmental quality, 1998, 27（3）: 715-721.

［129］ ZHU Y L, ZAYED A M, QIAN J H, et al. Phytoremediation of trace elements by wetland plants Ⅱ: water hyacinth［J］. Journal of environmental quality, 1999, 28（1）: 334-339.

［130］ 黄穗虹, 田甜, 邹晓锦, 等. 大宝山矿周边污染土壤重金属生物有效性评估［J］. 中山大学学报（自然科学版）. 2009, 48（4）: 125-129, 136.

［131］ 秦建桥, 夏北成, 周绪, 等. 粤北大宝山矿区尾矿场周围土壤重金属含量对土壤酶活性影响［J］. 生态环境. 2008, 17（4）: 1503-1508.

［132］ 杨小强, 张轶男, 张澄博, 等. 矿山重金属污染土壤的磁化率特征及其意义——以广东大宝山多金属矿床为例［J］. 中山大学学报（自然科学版）, 2006, 45（4）: 98-102.

［133］ 陈清敏, 张晓军, 胡明安. 大宝山铜铁矿区水体重金属污染评价［J］. 环境科学与技术. 2006, 29（6）: 64-65, 71.

［134］ 杨振, 胡明安, 黄松. 大宝山矿区河流表层沉积物重金属污染及潜在生态风险评价［J］. 桂林工学院学报. 2007, 27（1）: 44-48.

［135］ 杨振, 胡明安. 大宝山采矿活动对环境的重金属污染调查［J］. 环境监测管理与技术, 2006, 18（6）: 21-24.

［136］ 赵宇鸴. 粤北大宝山含硫化物矿山开发的镉环境地球化学及生态效应——兼论镉在表生系统的环境地球化学表现［D］. 南京: 中山大学, 2006.

［137］ 郭观林, 周启星, 李秀颖. 重金属污染土壤原位化学固定修复研究进展［J］. 应

用生态学报，2005，16（10）：1990-1996.

［138］ 王新，周启星. 外源镉铅铜锌在土壤中形态分布特性及改性剂的影响［J］. 农业环境科学学报，2003，22（5）：541-545.

［139］ 陈炳辉，韦慧晓，周永章. 粤北大宝山多金属矿山的生态环境污染原因及治理途径［J］. 中国矿业，2006，15（6）：40-42.

［140］ 吴迪，李存雄，邓琴，等. 贵州省典型铅锌矿区土壤重金属污染状况评价［J］. 贵州农业科学，2010，38（1）：92-94.

［141］ 杨畅，马宏伟，田立新，等. 葫芦岛市典型区土壤重金属污染特征及评价［J］. 中国环境管理干部学院学报，2010，20（2）：71-73.

［142］ 崔邢涛，栾文楼，石少坚，等. 石家庄污灌区土壤重金属污染现状评价［J］. 地球与环境，2010，38（1）：36-42.

［143］ 柴世伟，温琰茂，张亚雷，等. 地积累指数法在土壤重金属污染评价中的应用［J］. 同济大学学报（自然科学版），2006，34（12）：1657-1661.

［144］ 李敏，骆永明，宋静，等. 污泥-铜尾矿体系下 pH、盐分和重金属对大麦根伸长的生态毒性效应［J］. 土壤，2006，38（5）：578-583.

［145］ 宋玉芳，周启星，许华夏，等. 重金属对土壤中小麦种子发芽与根伸长抑制的生态毒性［J］. 应用生态学报，2002，13（4）：459-462.

［146］ 鲁如坤. 土壤农业化学分析方法［M］. 北京：中国农业科技出版社，2000.

［147］ 刘恩峰，沈吉，朱育新. 重金属元素 BCR 提取法及在太湖沉积物研究中的应用［J］. 环境科学研究，2005，18（2）：57-60.

［148］ 徐圣友，叶琳琳，朱燕，等. 巢湖沉积物中重金属的 BCR 形态分析［J］. 环境科学与技术，2008，31（9）：20-23，28.

［149］ 中华人民共和国水利部. SL 190—96 土壤侵蚀分类分级标准［S］. 北京：中国水利水电出版社，1996.

［150］ 蔡锦辉，吴明光，汪雄武，等. 广东大宝山多金属矿山环境污染问题及启示［J］. 华南地质与矿产，2005（4）：50-54.

［151］ 陈三雄，谢莉，张金池，等. 黄浦江源区主要植被类型土壤水土保持功能研究［J］. 中国水土保持，2007（3）：33-35.

［152］ 刘道平，陈三雄，张金池，等. 浙江安吉主要林地类型土壤渗透性［J］. 应用生态学报，2007，18（3）：493-498.

［153］ 黄丽，张光远，丁树文，等. 侵蚀紫色土土壤颗粒流失的研究［J］. 土壤侵蚀与水土保持学报，1999，5（1）：35-39，85.

［154］ 黄满湘，章申，张国梁，等. 北京地区农田氮素养分随地表径流流失机理［J］. 地理学报，2003，58（1）：147-154.

［155］ 张颖，郑西来，张晓晖，等. 黄土高原幼树对坡面流水力学特性及泥沙颗粒组成的影响［J］. 水土保持通报，2011，31（4）：7-11，15.

［156］ 赵辉，郭索彦，解明曙，等. 湖南武水流域泥沙颗粒特性及分形规律研究［J］.

水土保持学报，2010，24（3）：45-49.

［157］黄丽，丁树文，董舟，等. 三峡库区紫色土养分流失的试验研究［J］. 土壤侵蚀
与水土保持学报，1998，4（1）：9-14，22.

［158］梁涛，王浩，张秀梅，等. 不同土地类型下重金属随暴雨径流迁移过程及速率
对比［J］. 应用生态学报，2003，14（10）：1756-1760.

［159］李贺，石峻青，沈刚，等. 高速公路雨水径流重金属出流特性［J］. 东南大学学
报（自然科学版），2009，39（2）：345-349.

［160］田鹏，杨志峰，李迎霞. 公路地表灰尘及径流中颗粒物附着重金属对比研究［J］.
环境污染与防治，2009，31（6）：14-18.

［161］甘华阳，卓慕宁，李定强，等. 公路路面径流重金属污染特征［J］. 城市环境与
城市生态，2007，20（3）：34-37.

［162］孙建，铁柏清，钱湛，等. 湖南郴州铅锌矿区周边优势植物物种重金属累积特性
研究［J］. 矿业安全与环保，2006，33（1）：29-31，42.

［163］雷梅，岳庆玲，陈同斌，等. 湖南柿竹园矿区土壤重金属含量及植物吸收特征
［J］. 生态学报，2005，25（5）：1146-1151.

［164］张学洪，刘杰，黄海涛，等. 广西荔浦锰矿废弃地植被及优势植物重金属生物蓄
积特征［J］. 地球与环境，2006，34（1）：13-18.

［165］毕德，吴龙华，骆永明，等. 浙江典型铅锌矿废弃地优势植物调查及其重金属含
量研究［J］. 土壤，2006，38（5）：591-597.

［166］韦朝阳，陈同斌. 重金属超富集植物及植物修复技术研究进展［J］. 生态学报，
2001，21（7）：1196-1203.

［167］刘足根，彭昆国，方红亚，等. 江西大余县荡坪钨矿尾矿区自然植物组成及其重
金属富集特征［J］. 长江流域资源与环境，2010，19（2）：220-224.

［168］范稚莲，莫良玉，陈同斌，等. 广西典型矿区中植物对 Cu、Mn 和 Zn 的富集特征
与潜在的 Mn 超富集植物［J］. 地理研究，2007，26（1）：125-131.

［169］刘益贵，彭克俭，沈振国. 湖南湘西铅锌矿区植物对重金属的积累［J］. 生态环
境，2008，17（3）：1042-1048.

［170］王英辉，陈学军，赵艳林，等. 铅锌矿区土壤重金属污染与优势植物累积特征
［J］. 中国矿业大学学报，2007，36（4）：487-493.

［171］佘玮，揭雨成，邢虎成，等. 湖南冷水江锑矿区苎麻对重金属的吸收和富集特
性［J］. 农业环境科学学报，2010，29（1）：91-96.

［172］栾以玲，姜志林，吴永刚. 栖霞山矿区植物对重金属元素富集能力的探讨［J］.
南京林业大学学报（自然科学版），2008，32（6）：69-72.

［173］倪师军，李珊，李泽琴，等. 矿山酸性废水的环境影响及防治研究进展［J］. 地
球科学进展，2008，23（5）：501-508.

［174］张春辉，吴永贵，付天岭，等. 酸性矿山废水对稻田上覆水理化特征及氮转化的
影响［J］. 环境科学与技术，2016，39（1）：114-120.

［175］ 熊琳媛. 硫化矿山酸性废水资源综合回收技术及工艺研究［D］. 赣州：江西理工大学，2013.

［176］ 朱继保，陈繁荣，卢龙，等. 广东凡口 Pb-Zn 尾矿中重金属的表生地球化学行为及其对矿山环境修复的启示［J］. 环境科学学报，2005，25（3）：414-422.

［177］ 阎思诺，冯秀娟. 金属矿区土壤治理研究进展［J］. 有色金属科学与工程，2010，1（3）：67-71.

［178］ 徐师，张大超，吴梦，等. 硫酸盐还原菌在处理酸性矿山废水中的应用［J］. 有色金属科学与工程，2018，9（1）：92-97.

［179］ 杨群，宁平，陈芳媛，等. 矿山酸性废水治理技术现状及进展［J］. 金属矿山，2009，391（1）：131-134.

［180］ 吴义千，占幼鸿. 矿山酸性废水源头控制与德兴铜矿杨桃坞、祝家废石场和露天采场清污分流工程［J］. 有色金属，2005，57（4）：101-105，109.

［181］ 郑先坤，冯秀娟，王佳琪，等. 酸性矿山废水的成因及源头控制技术［J］. 有色金属科学与工程，2017，8（4）：105-110.

［182］ 赵玲，王荣锌，李官，等. 矿山酸性废水处理及源头控制技术展望［J］. 金属矿山，2009（7）：131-135.

［183］ 王宁宁. 酸性矿山废水的危害及处理技术研究进展［J］. 环境与发展，2017，29（7）：99-100.